CNC-Crashkurs

CNC-Crashkurs

2. Auflage 2015

Dr.-Ing. Paul Christiani GmbH & Co. KG

Titelbild: Fa. Siemens AG
Überarbeitung: Volker Knipping

Bestell-Nr. 75295

ISBN 978-3-86522-266-4

---

2. Auflage 2015

Inhaltsverzeichnis

1 Einleitung

1.1 Für welchen Personenkreis ist dieses Fachbuch gut geeignet?

Dieses Fachbuch spricht Leser an, die sich grundlegend mit dem Thema „CNC-Technik“ beschäftigen wollen.

Die thematische Ausarbeitung dieses Buches ist so angelegt, sodass im Besonderen auch CNC-Einsteiger gut angesprochen werden.

Der Bezug auf die Praxis ist mit Hilfe der Sinutrain Demo-Software von Siemens umfangreich gegeben. Auf der Internetseite **www.siemens.de/cnc4you** wird der kostenlose Download angeboten. Nach einer Registrierung steht die Demo-Version SINUMERIK Operate 4.4 zur Verfügung.

Sämtliche in diesem Fachbuch erarbeiteten Kursbeispiele basieren auf diese Software und führen den Lernenden systematisch bis zu einem vorgegebenen Leistungsniveau.

1.2 Wie soll das Buch gelesen werden?

Die einzelnen Kursabschnitte bauen behutsam aufeinander auf so das der Lernende Schritt für Schritt mit der Thematik der CNC-Technik nicht nur vertraut gemacht wird, sondern ebenso mit zunehmenden Kursverlauf an Selbstsicherheit gewinnt.

Und mit dem eigenen Erfolg stellt sich auch der Spaß an der Sache ein!

Voraussetzung hierzu ist allerdings das systematische Erarbeiten der einzelnen Kapitel!

Also, – trauen Sie sich ruhig etwas zu!

1.3 Installation der Sinutrain Demo-Software und ⇨ Rahmenbedingungen zum Kurs.

Die *Laufzeit* dieser Software umfasst *60 Tage* ab Installationsdatum.

In der Demo-Version ist der Funktionsbereich „Programmierung“ nicht eingeschränkt; in Bezug auf die Segmente – „Dienste“ und „Konfigurierbarkeit“ sind Beschränkungen vorhanden.

Wenn Sie Geschmack an dieser Software gefunden haben, können Sie selbstverständlich eine Vollversion erwerben.

Um hierzu Näheres zu erfahren, wenden Sie sich doch einfach vertrauensvoll an die Siemens AG.

Aber nunmehr zurück zu uns.

Wir wollen die Demo-Software „Sinutrain“ auf unserem Rechner installieren.

Wichtig hierbei ist, dass sich vor – aber auch nach der Installation keine weitere Version der Software „Sinumerik HMI“ auf Ihrem Rechner befindet! Ferner muss sichergestellt sein, dass keine „Step5/Step7“-Version vorhanden ist.

2 Grundlagen der CNC-Technik

2.1 Basis-Info zur CNC-Werkzeugmaschine

In zunehmend mehr Betrieben basiert die Fertigung auf CNC gesteuerte Werkzeugmaschinen.

CNC ⇨ **c**omputerized **n**umerical **c**ontrol

(rechnerunterstützt – mit Zahlen – steuern)

Das bedeutet für die betriebliche Praxis, dass die Fachkraft vor Ort in der Lage sein muss, komplexere Arbeitsvorgänge im betrieblichen Ablauf selbstständig ausführen zu können.

Weiterhin wird selbstverständlich vorausgesetzt, dass der Mitarbeiter beziehungsweise die Mitarbeiterin allgemeine fachliche Kompetenz qualitativ umsetzen kann – hinzu werden aber auch mehr und mehr organisatorische Fähigkeiten (.....) erwartet; der Theorieanteil wird zunehmend mehr an Bedeutung gewinnen, um im gleichen Zuge die Produktivität zu steigern!

Die Abläufe in der „Fabrik der Zukunft“ könnten also nahezu vollkommen rechnergestützt ausgeführt werden, wobei der Menschen selbst als überwachende Instanz die Produktion im Auge behält und gegebenenfalls, zum Beispiel bei Störungen im Produktionsprozess, einschreitet.

Die Beziehung zwischen Mensch und CNC-Technik stellt sich also folgendermaßen dar:

Das Fachpersonal bestimmt →

den Herstellungsablauf, die Technologiedaten, die Geometrie.

Der Rechner →

führt das Fachpersonal, stellt sein „Wissen“ (Programme) zur Verfügung.

2.2 Koordinatensystem und Bezugspunkte

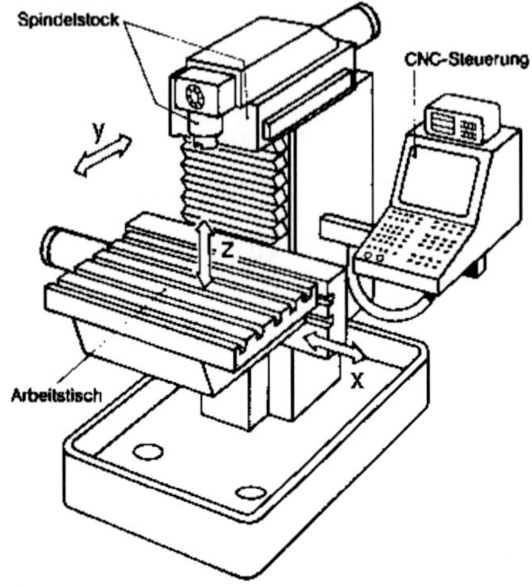

CNC - Werkzeugfräsmaschine
mit Darstellung der drei Achsen

An der CNC-Werkzeugfräsmaschinen bezeichnet man grundsätzlich drei Verfahrachsen →

- **X-Achse**
- **Y-Achse**
- **Z-Achse**

Diese werden dann im NC-Programm bei Notwendigkeit aufgeführt und mit einem entsprechenden Zahlenwert versehen.

Die Achsrichtung, sprich, die Bewegungsrichtung, wird durch ein Plus, welches man nicht unbedingt angeben muss, – beziehungsweise ein Minuszeichen angegeben.

Oft bereitet es Lernenden Schwierigkeiten, sich die Lage der Verfahrachsen zu merken. Als Hilfestellung hierzu kann die so genannte Rechte-Hand-Regel herangeführt werden.

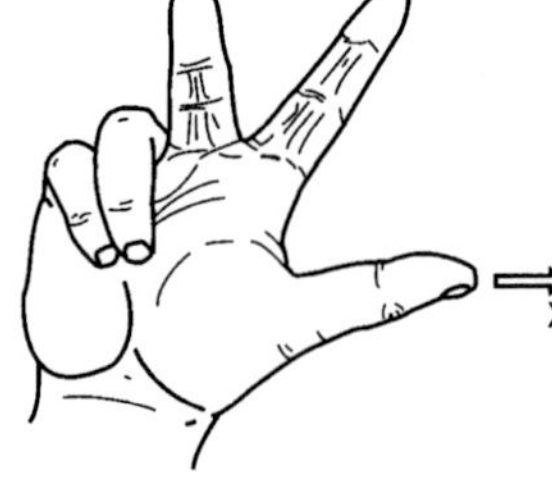

Rechte - Hand - Regel

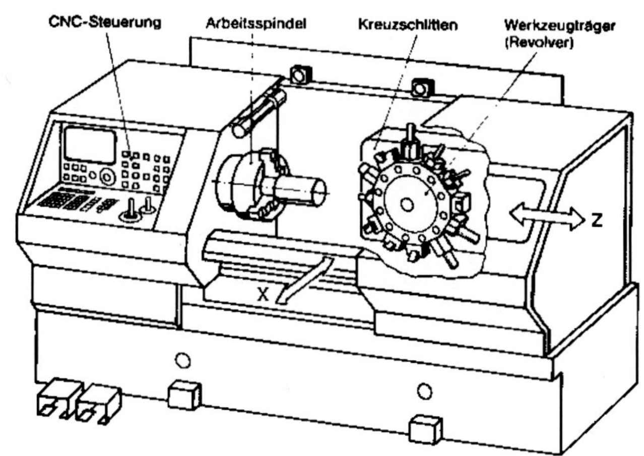

CNC - Werkzeugdrehmaschine
mit Darstellung der zwei Achsen

An der CNC-Werkzeugdrehmaschinen verhält es sich etwas anders. Zum einen befinden sich dort *grundsätzlich* zwei Verfahrachsen und zum anderen ist die Lage dieser, im Vergleich zu der Werkzeugfräsmaschine, verändert.

Aber dennoch bleibt das Verständnisprinzip das Gleiche wie beim Fräsen.

Kommen wir nun zu den Bezugspunkten im Arbeitsraum der CNC-Werkzeugmaschine.

Es versteht sich von selbst, dass die CNC-Steuerung im Arbeitsraum der Werkzeugmaschine in der Lage sein muss + sich zu orientieren. Um dieser Notwendigkeit gerecht zu werden gibt es dort die entsprechenden Bezugspunkte.

Zunächst einmal der Referenz-Punkt:

Dieser wird zum Nullsetzen des Messsystems angefahren. In der Fachpraxis bedeutet das, dass nach Einschalten der CNC-Werkzeugmaschine zunächst mit der Starttaste auf den Achsen verfahren wird, um zum Referenzpunkt zu gelangen. Dieser Bewegungsablauf der Werkzeugmaschine ist meistens vom Maschinenhersteller vorgegeben, sodass dieser Arbeitsvorgang tatsächlich nur durch Tastendruck erfolgen kann.

Der Maschinen-Nullpunkt:

Dieser Bezugspunkt ist ebenso vom Maschinenhersteller vorgegeben. Grundsätzlich befindet sich dieser bei der Werkzeugfräsmaschine im Ursprung des Maschinen-Koordinatensystems und bei der Werkzeugdrehmaschine meistens an der Anschlagfläche der Spindelnase.

Der Werkzeugträger-Bezugspunkt:

Dieser Punkt ist dann von Bedeutung, wenn im NC-Programm mit voreingestellten Werkzeugen gearbeitet werden soll. Wie im Schaubild unter diesem Text zu ersehen ist, dienen die Werte L/Q (oder andere Benennung) der Verrechnung im Werkzeugspeicher der Steuerung.

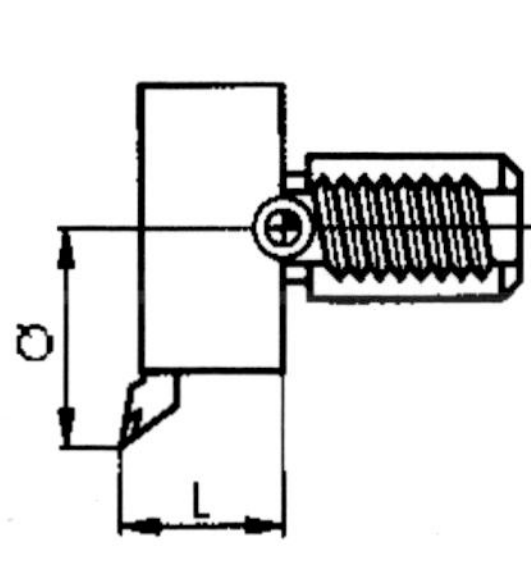

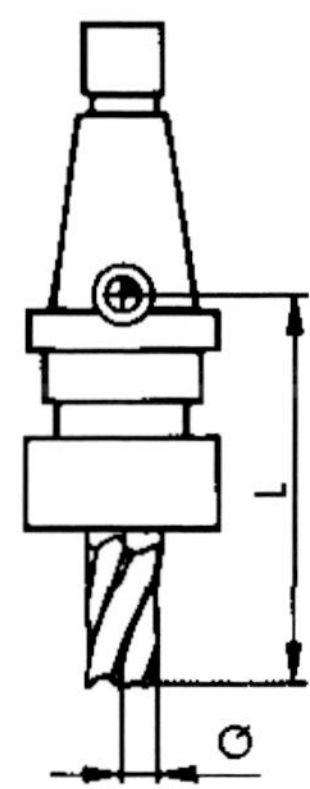

Der Werkstück-Nullpunkt:

Dieser Orientierungspunkt ist von besonderer Bedeutung. Schließlich stellt dieser den Ursprung des Werkstück-Koordinatensystems dar. Das heißt im Klartext, dass von diesem grundsätzlich die Bemaßungsstrukturen ausgehen.

Nunmehr können Sie die entsprechenden Bezugspunkte auf den Darstellungen ersehen.

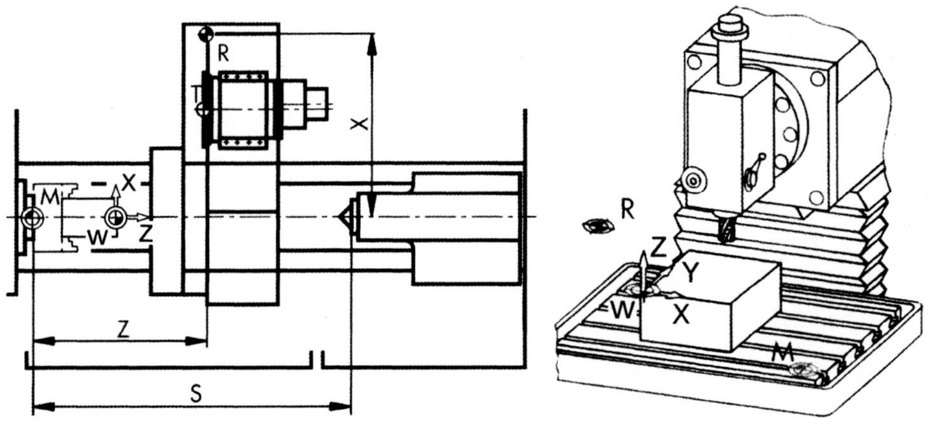

2.3 NC-Programm

Neben der Werkzeugmaschine selbst wird ein kompatibles Steuerungsprogramm mit entsprechender Hardware zur CNC-gerechten Fertigung benötigt.

Ein solches Teileprogramm beinhaltet alle zur Werkstückbearbeitung erforderlichen Weg- und Schaltinformationen als auch Hilfsbefehle.

Der *Programmaufbau* besteht aus Programmnummer und den Sätzen, die letztendlich alle nötigen Informationen zur Erstellung der zu fertigenden Kontur beschreiben.

Der *Satzaufbau* gliedert sich auf in → Satznummer, Wegebedingungen, geometrische Anweisungen, technologische Anweisungen, Schaltbefehle und eventuelle Zyklen- oder Unterprogrammaufrufe.

Die Anweisungen selbst sind festgeschrieben in der *DIN 66025*.

Allerdings ist hierbei zu beachten, dass einige Werte für den Steuerungshersteller freigehalten wurden, was aber in Bezug zu diesem Kurs als unbedeutend angesehen werden darf.

3 CNC-Fräsen

3.1 Absolute-Inkrementale Wegmessung (Übung)

Bei der Programmierung von NC-Programmen können die Koordinatenwerte (X, Y, Z .....) in *„Absolut“*- oder *„Inkrementalbemaßung“* angegeben werden.

Mit der Eingabe in Absolutbemaßung setzen sich alle Zielkoordinaten in Bezug zum *Werkstücknullpunkt*!

Anders verhält es sich mit der Inkrementalangabe. Hierbei beziehen sich die Maße auf den vorangegangenen Standort (Inkrement = Zuwachs)!

Das heißt, dass die Koordinatenwerte sich unabhängig zum Werkstücknullpunkt setzten. Das bedeutet aber gleichzeitig, dass mit dieser Art der Koordinatenangabe die Gefahr des Schleppfehlers gegeben ist. Das heißt, wenn Sie einen Fehler in der Koordinatenerkennung machen, sind die darauf kommenden Koordinaten für den Programmablauf ebenfalls nicht mehr stimmig.

Selbstverständlich kann die Umstellung im NC-Programm selbst beliebig oft, also nach fachlicher Notwendigkeit beziehungsweise sinnvoller Praktikabilität, programmiert werden.

Wegbedingung ⇨

G90 – absolute Maßangaben

G91 – inkrementale Maßangaben

Aufgabe: Zur Verdeutlichung sehen Sie sich bitte doch einmal die folgende Zeichnung in aller Ruhe an und vergleichen anschließend die beiden kleinen Wertetabellen miteinander:

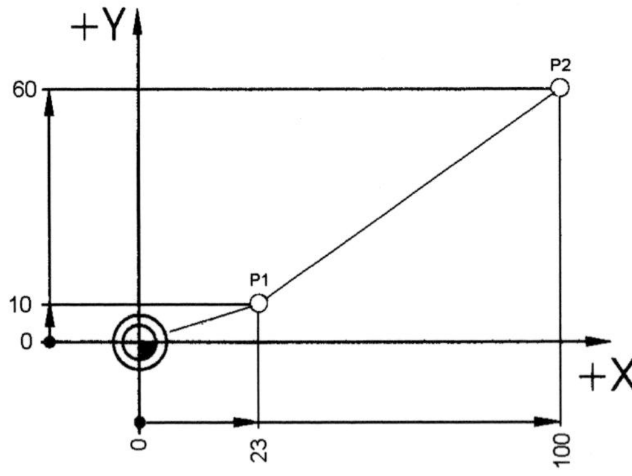

Wertetabelle ▶ absolute Bemaßung **G90**
(Ausgangsposition-Werkstücknullpunkt):

P1 X23 Y10
P2 X100 Y60

Wertetabelle ▶ inkrementale Bemaßung **G91**
(Ausgangsposition-Werkstücknullpunkt):

P1 X23 Y10
P2 X77 Y50

Und, – alles soweit klar?

Nunmehr wird es etwas umfangreicher und „nur wenig schwieriger"; wohlbemerkt – nicht sehr viel schwieriger.

Konzentrieren Sie sich bitte auf die nächste Aufgabenstellung.

Aufgabe: Setzen Sie bitte die fehlenden Koordinatenwerte in die Tabelle ⇨ „G90" sowie „G91" ein.

Arbeiten Sie mit dem Buch:

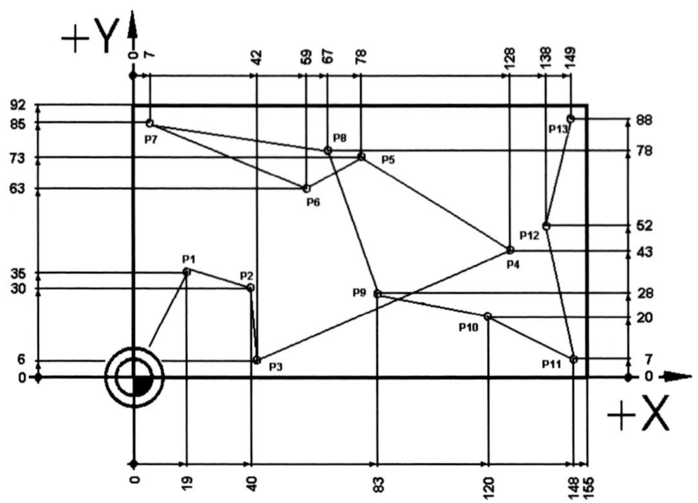

(Ausgangsposition-Werkstücknullpunkt):

<u>Wertetabelle</u> ▸ absolute Bemaßung **G90**

P01 X..... Y..... P06 X..... Y..... P11 X..... Y.....

P02 X..... Y..... P07 X..... Y..... P12 X..... Y.....

P03 X..... Y..... P08 X..... Y.... P13 X.... Y.....

P04 X..... Y..... P09 X..... Y.....

P05 X..... Y..... P10 X..... Y.....

<u>Wertetabelle</u> ▸ inkrementale Bemaßung **G91**

P01 X..... Y..... P06 X..... Y..... P11 X..... Y.....

P02 X..... Y..... P07 X..... Y..... P12 X..... Y.....

P03 X..... Y..... P08 X..... Y.... P13 X.... Y.....

P04 X..... Y..... P09 X..... Y.....

P05 X..... Y..... P10 X..... Y.....

✯ Ach ja – und schauen Sie nicht zu den Lösungen ✯

Lösung: Wertetabelle ▸ absolute Bemaßung **G90**

P01	X19	Y35	P06	X59	Y63	P11	X148	Y7
P02	X40	Y30	P07	X7	Y85	P12	X138	Y52
P03	X42	Y6	P08	X67	Y78	P13	X149	Y88
P04	X128	Y43	P09	X83	Y28			
P05	X78	Y73	P10	X120	Y20			

Lösung: Wertetabelle ▸ inkrementale Bemaßung **G91**

P01	X19	Y35	P06	X–19	Y–10	P11	X28	Y–13
P02	X21	Y–5	P07	X–52	Y22	P12	X–10	Y45
P03	X2	Y–24	P08	X60	Y–7	P13	X11	Y36
P04	X86	Y37	P09	X16	Y–50			
P05	X–50	Y30	P10	X37	Y–8			

3.2 Programmieren nach DIN 66025 (entspricht ISO 6983)

3.2.1 Einfache Konturprogrammierung ⇨ (Linearinterpolation/Geradeninterpol.) „exemplarisch/Prg." (o. FRK)

Nunmehr wollen wir uns der ersten fachpraktischen Aufgabe langsam nähern.

Der Arbeitsauftrag steht fest. Wir wollen gemeinsam ein einfaches Werkstück mit einer innen-umlaufenden Nut erstellen. Unsere Aufgabe besteht zunächst einmal darin, die *Zeichnung zu lesen* und die entsprechenden *technologischen Vorgaben* festzulegen. Nachfolgend betreiben wir Brainstorming und wollen uns vorstellen, wie der *praktische Bearbeitungsablauf* am Werkstück vorstatten gehen soll. Und dann wenden wir uns der Software von Siemens zu um den grundlegenden Einstieg in das Handling mit dieser auszuüben. Parallel hierzu ist es natürlich auch erforderlich die Programmierung mit den *diversen Befehlen* anzusprechen, um dann auch dieses praktisch umsetzen zu können, also auch das *NC-Programm* selbst schreiben zu können.

Die Bestätigung über „Richtig oder Falsch" bekommen wir dann abschließend auf dem Monitor unseres Rechners serviert.

Beispiel – „exemplarisch“

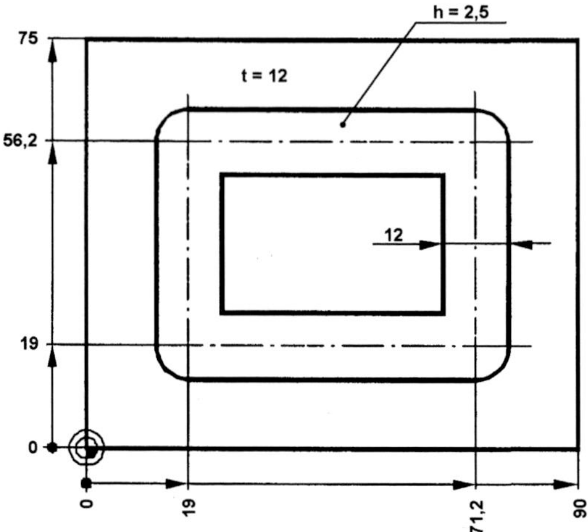

Das zu bearbeitende Material bekommen wir vorgefertigt aus dem Materiallager. Das heißt, dass die Außenmaße mit 90 mm Länge, 75 mm Breite und 12 mm Materialdicke praktisch gesehen für uns ohne Bedeutung sind. De facto besteht unsere Aufgabe darin, die innenliegende Nut zu fertigen. Die Nut-Breite soll 12 mm betragen und kann problemlos mit einem entsprechenden Bohrnutenfräser Ø 12 mm erstellt werden. Die Nut-Tiefe ist mit 2,5 mm angegeben.

Das Werkstück kann ohne weiteres auf dem Fräsmaschinentisch, sprich, im Maschinenschraubstock, sicher gespannt werden.

Der Werkstücknullpunkt soll von der Draufsicht (Zeichnung) aus betrachtet, bezogen auf „X und Y-Achse“, genau in der linken Ecke festgelegt sein. Die Werkstücknullpunkt-Festlegung von „Z“ ist so zu legen, dass diese sich sozusagen auf der Ebene der Materialoberfläche befindet. Somit kreuzen sich die drei vorbestimmten Achsen dort, von wo aus auch die Zeichnungsmaße ausgehen. Der Werkstücknullpunkt ist festgelegt!

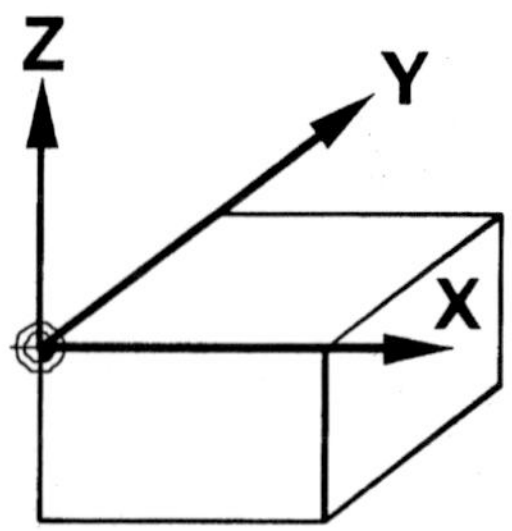

Weitere Vorgaben sind wie folgt festzuschreiben:

Drehzahl des *Fräswerkzeuges* 850 $^1/_{min}$

Vorschubgeschwindigkeit 120 $^{mm}/_{min}$

Der Werkzeugwechselpunkt (WWP) soll festgelegt sein und entspricht den Koordinaten X-20, Y-20, Z100.

Die Programmierung soll mit G90 erfolgen.

Kommen wir nun zum schon zuvor angekündigten Brainstorming.

Frage: Wie sieht der praktische Arbeitsablauf des Fräsvorganges am Werkstück mit G90 selbst aus?

Können Sie sich das vorstellen? Versuchen Sie es doch einfach mal!

So ☺ ! oder so ☹ ?

....

Es ist wirklich nicht schwer!

1. das Fräswerkzeug befindet sich in der Startposition (grundsätzlich – egal wo).
2. das Fräswerkzeug fährt zum Beispiel auf die Koordinate (X19, Y19, Z2) ➤ Z2, – also 2 mm über Material!
3. das Fräswerkzeug taucht in das Material hinein (Z-2,5).
4. das Fräswerkzeug spant in der entsprechenden Materialtiefe bis zur Koordinate – z. B. Y56,2.
5. das Fräswerkzeug spant bis zur Koordinate X71,2.
6. das Fräswerkzeug spant bis zur Koordinate Y19.
7. das Fräswerkzeug spant bis zur Koordinate X19 (Ausgangspunkt der Fräsarbeit).
8. das Fräswerkzeug fährt auf Z100 aus dem Material heraus *(Achtung: nicht in X/Y !!!).*
9. das Fräswerkzeug fährt zum WWP – also auf X-20, Y-20.

Und nun soll es richtig losgehen!

Mit der Software-„Sinutrain“ von Siemens arbeiten:

! Exemplarisch !

Ihr Rechner läuft, die Software haben Sie ordnungsgemäß installiert, auf Ihrem Desktop sehen Sie das Icon „Sinutrain“ und nun wollen Sie in das NC-Programm einsteigen.

➤Klicken (Doppelklick) Sie nun auf diese Schaltfläche.

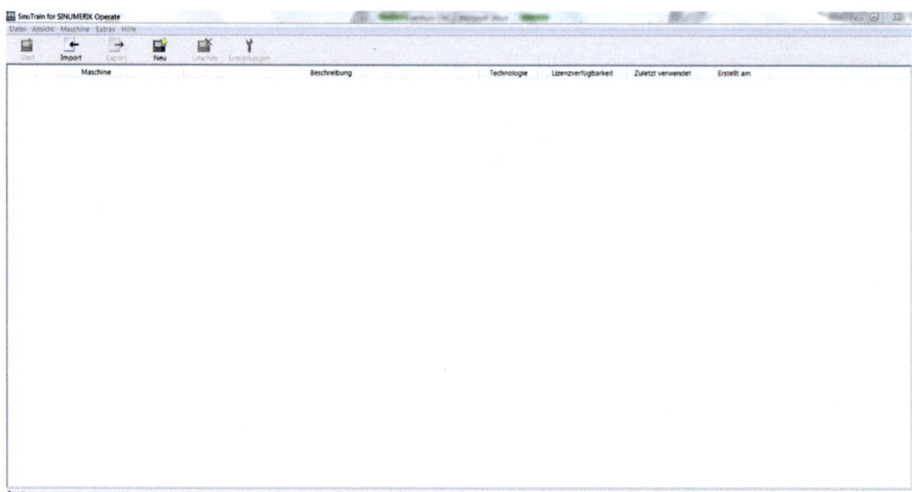

Nunmehr befinden Sie sich im Eingangsfenster der CNC-Software.

Da noch keine Maschinen konfiguriert sind, müssen wir uns zunächst eine neue Fräsmaschine erzeugen.

Drücken Sie hierfür auf die Schaltfläche Neu am oberen Bildschirmrand.

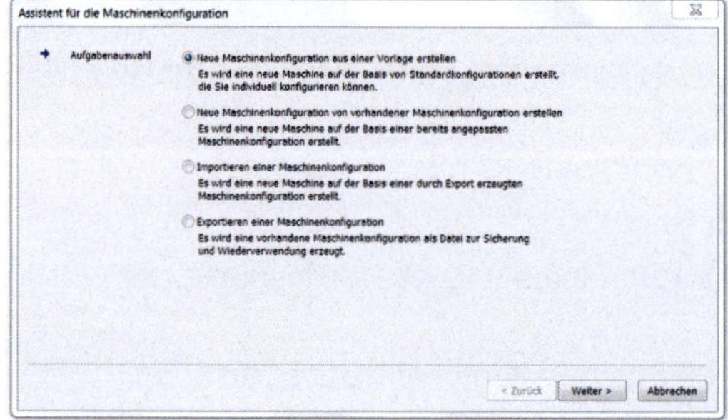

Die voreingestellte Aufgabenauswahl „Neue Maschinenkonfiguration aus einer Vorlage erstellen" im Überblendfenster bestätigen Sie bitte mit „Weiter".

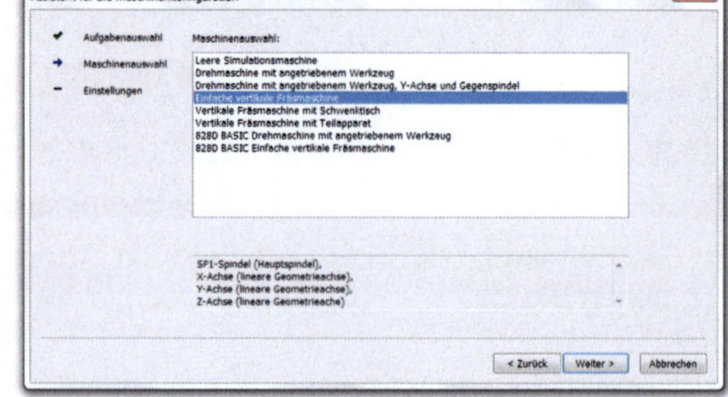

Wählen Sie bitte die „einfache vertikale Fräsmaschine" aus und bestätigen mit weiter.

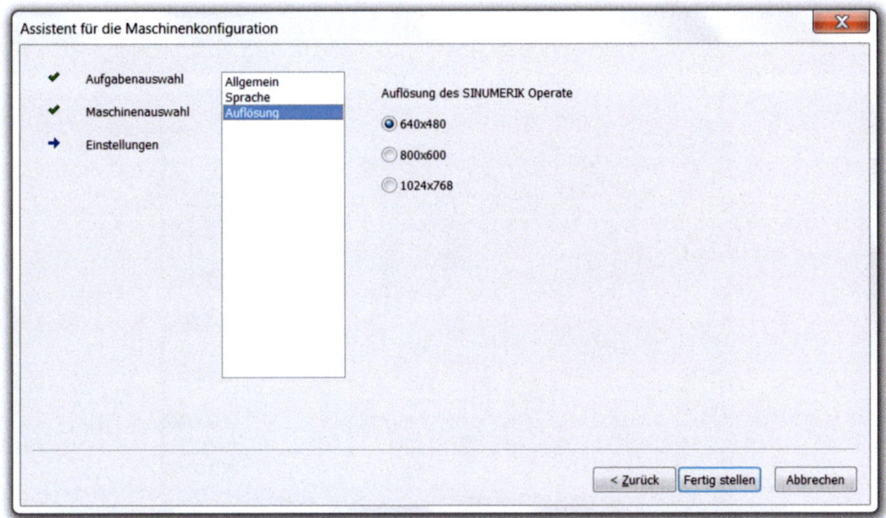

Sie haben nun noch die Möglichkeit die Bildschirmauflösung anzupassen und bestätigen dann mit „Fertig stellen“

Betätigen Sie nun bitte die Schaltfläche Start.

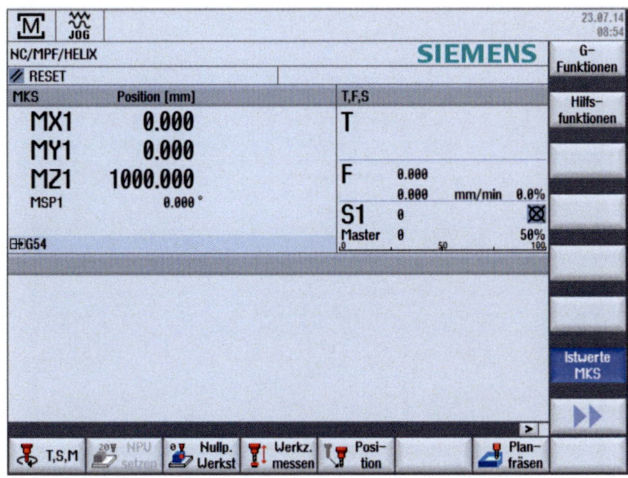

Der Ausgangszustand – „beliebiger Bedienbereich“ (Maschine) und die „Bedienart“ (JOG, entspricht Handbetrieb bei kontinuierlichem Vorschub) ist erreicht

Kanalzustand- „RESET“ bedeutet, dass momentan kein Programm abgearbeitet wird.

Wechseln Sie in das Werkzeugmenü.

Klicken Sie auf T,S,M in der waagerechten Softkeyleiste und anschließend Werkzeug auswählen in der senkrechten Softkeyleiste des Steuerungsbildschirmes.

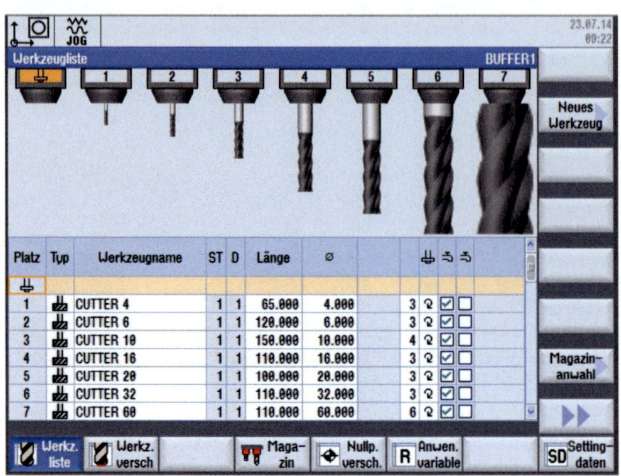

Sie befinden sich nun in der Werkzeugliste.

Die bereits installierten Werkzeuge werden tabellarisch und grafisch angezeigt.

Um ein Fräswerkzeug zu installieren, in unserem Fall, ein Fräser mit Ø 12 mm müssen wir noch zunächst mit den Pfeiltasten Ihrer Tastatur auf einen freien Werkzeugplatz blättern und dann die Schaltfläche Neues Werkzeug betätigen.

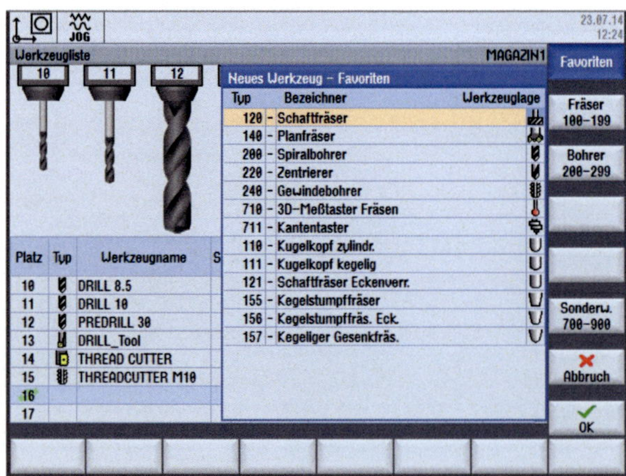

Wählen Sie in der rechten Tabelle „Typ120-Schaftfräser“ aus und bestätigen Sie mit OK.

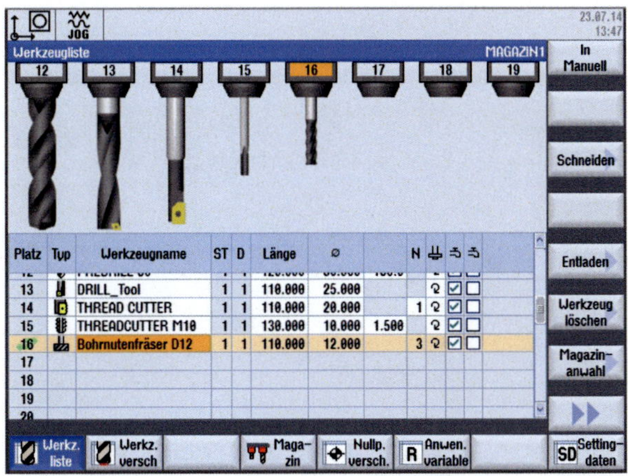

Füllen Sie die Spalten gemäß der Vorgabe aus (siehe Bild).

Tipp: Wenn Sie den Mauszeiger wenige Sekunden auf ein Tabellenfeld halten, erscheint die Erklärung zum Feld.

Das Fräswerkzeug kann nun im NC-Programm als **T= „Bohrnutenfräser D12“** aufgerufen werden.

Klicken Sie jetzt auf die Taste [PROGRAM].

Der Bereich „Programm“ wird geladen. Eventuell sind schon einige Programme vorinstalliert; stören Sie sich nicht daran, Sie werden bald Ihr eigenes NC-Programm erstellt haben.

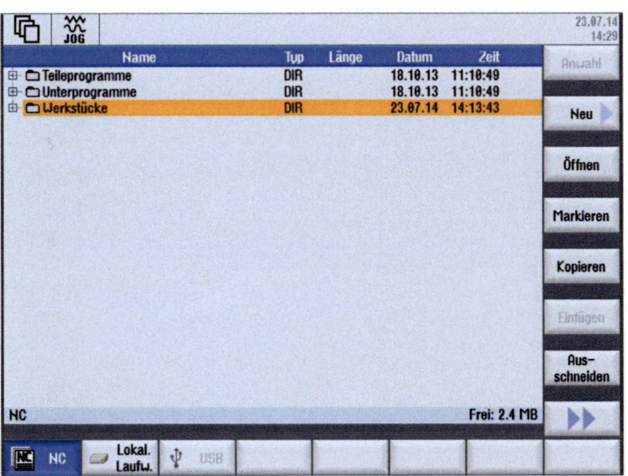

Hier werden alle relevanten Daten einer Bearbeitungsaufgabe abgelegt.

Klicken Sie nun auf die Schaltfläche Neu.

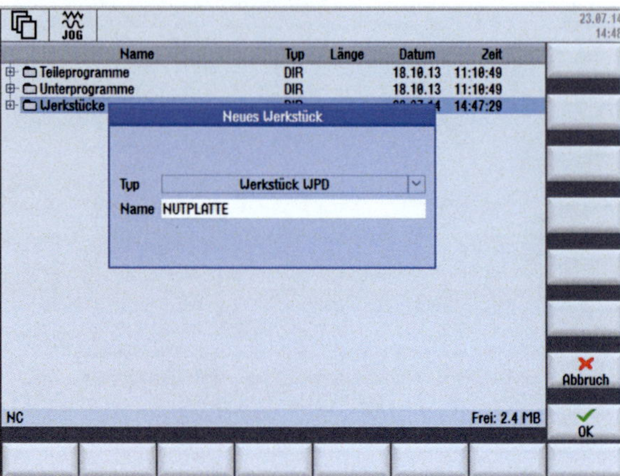

Jetzt benennen Sie das Werkstück.

Ich schlage den Namen *„Nutplatte“* vor.

Selbstverständlich können Sie sich Ihren eigenen Werkstücknamen frei erwählen, aber beachten Sie bitte, dass der gewählte Name

! „nur einmal“ ! –

im <u>aktuellen Status</u> verwendet werden kann.

Übernehmen Sie die Eingabe mit der Schaltfläche OK.

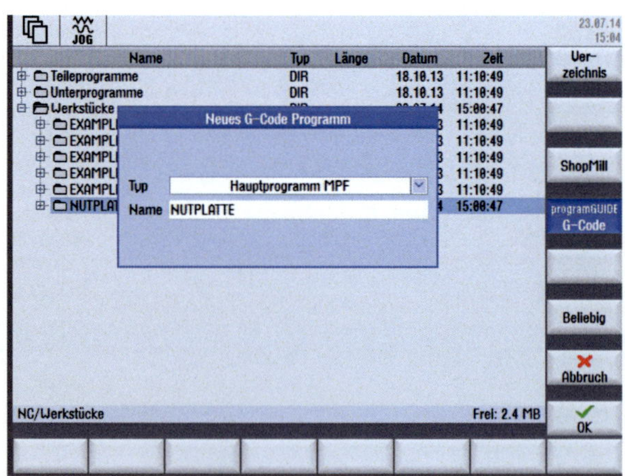

Betätigen Sie die Schaltfläche programGUIDE G-Code.

Übernehmen Sie die Eingabe mit der Schaltfläche OK.

„Der Texteditor ist geöffnet!“

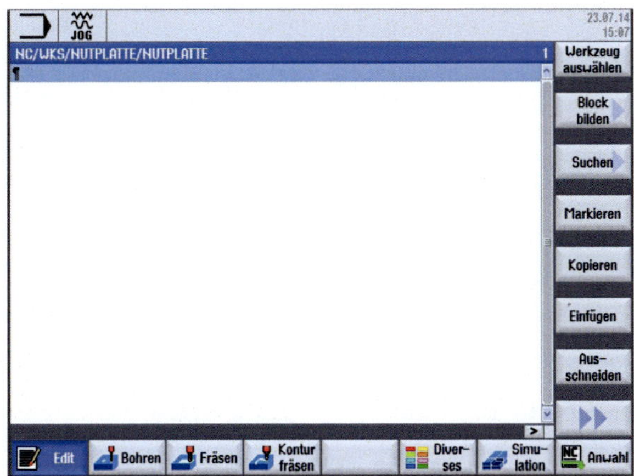

In der Kopfleiste steht der Name des Werkstückverzeichnisses und daneben der Name des NC-Hauptprogramms.

Die erste Programmzeile ist markiert.

Jetzt könnte man das CNC-Programm entsprechend unseres durchdachten Programmablaufs (Seite 23) eintippen; –

aber enthalten Sie sich an dieser Stelle noch.

Denn aus Gründen der Übersicht ist es vorteilhafter, die nachfolgenden Schritte noch abzuhandeln.

Klicken Sie jetzt auf die Schaltfläche Diver- ses.

Und dann auf die Schaltfläche Rohteil.

Hier müssen Sie die Werkstückdaten –
Werkstücknullpunkt/Werkstückmaße niederlegen.

Tragen Sie einfach die Daten, die Sie in der unten stehenden Grafik sehen, ein.
Nähere Erläuterungen hierzu erfolgen nach Abschluss des Software-Handlings.

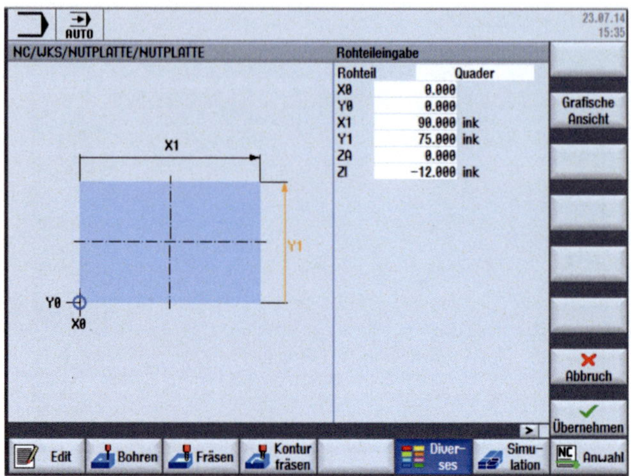

Bestätigen Sie mit der Schaltfläche Übernehmen.

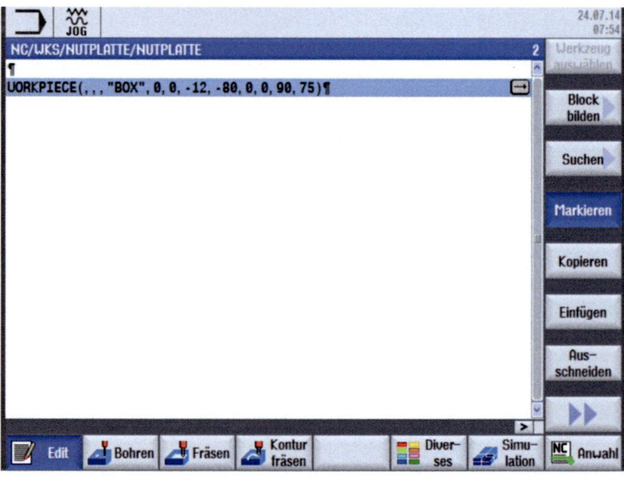

Die Eingaben aus dem Formular wurden nun als erster NC-Satz ins Programm geschrieben.

Drücken Sie nun die Schaltfläche und dann die Schaltfläche .

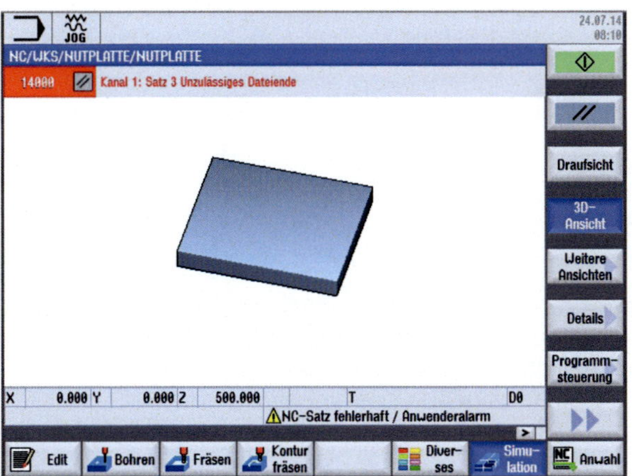

Das Simulationsfenster wird geladen.

Die Fehlermeldung dürfen Sie zum jetzigen Zeitpunkt ignorieren, da das Programm noch unvollständig ist"

Die Simulation zeigt nach Drücken der Schaltfläche den Arbeitsablauf und das fertige Werkstück an, aber Ihr NC-Programm ist ja noch nicht geschrieben und das ist gut so, denn an dieser Stelle erscheint es mir notwendig, die Unterweisung *„Softwarebedienung*" abzuschließen, denn das weitere Handling erwirbt man sich eher mit – *„learning by doing"*. Tippen Sie das Programm einfach mit der Tastatur ein.

Zur Programmierung von NC-Programmen ist es erforderlich, bestimmte fachliche Rahmenbedingungen, die theoretisch – wie auch praktisch von Bedeutung sind, sich anzueignen.

Somit kommen wir ab dieser Stelle des Kursbuches zum wesentlichen Kern der CNC-Technik.

Erinnern Sie sich:

Unter „Diverses/Rohteil" (Seite 34), mussten wir gewisse Daten eingeben, die für den weiteren Ablauf von Bedeutung sind.

X0 0	Y0 0	ZI –12
X1 90	Y1 75	ZA 0

X0, Y0, ZI beschreiben den „min-Punkt" und X1, Y1, ZA beschreiben den „max-Punkt"

Und nun sehen Sie die Zuordnung des „min" und „max" Punkts; der Werkstück-Nullpunkt (WNP) ist Ihnen ja bereit bekannt.

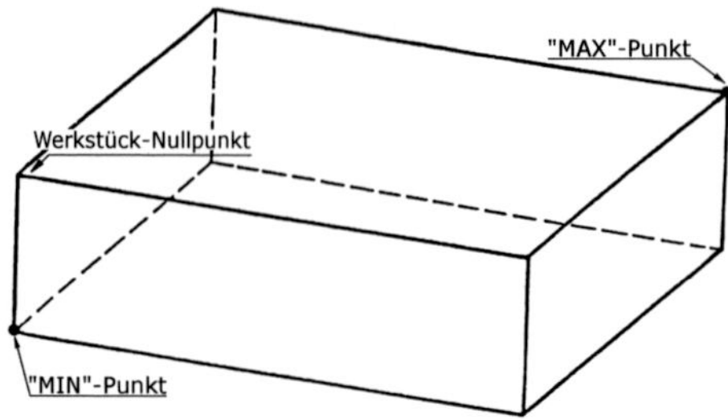

Wie sind also die Angaben in der Position „Einstellungen" zu verstehen?

Zunächst einmal ist festzuhalten, dass für die *grafische Darstellung*, der *Werkstückrohling* definiert sein muss. Wie auch sonst sollte unser Rechner in der Lage sein den Simulationsablauf auf dem Monitor darzustellen, denn im NC-Programm selbst ist ja grundsätzlich nur die zu fertigende Kontur beschrieben.
Und des weiteren – es muss die *Lage des Werkstücks in Bezug auf das Koordinatensystem* festgelegt werden.

! Stellen Sie sich doch jetzt einmal vor, Sie würden genau von oben auf das Werkstück schauen, welches natürlich der „Draufsicht" entspricht.

Können Sie die nun – zwei definierbaren Achsen benennen?

➤ „X" und „Y" ➤

! Und wenn Sie sich vorstellen, dass der Werkstücknullpunkt genau auf der linken vorderen Ecke des Materials festgelegt sein soll (Seite 12), – welchen Koordinatenwert würden Sie für „X" angeben; welchen für „Y"?

➤ „X0 0"/„Y0 0" ➤

! Und wenn Sie sich vorstellen, Sie würden das Werkstück von der Draufsicht heraus nunmehr langsam von sich weg kippen, bis Sie die kommende Fläche direkt betrachten können (Vorderansicht) – welche noch fehlende Achse stellte sich Ihnen nun dar?

➤ „Z" ➤

! Und können Sie sich nunmehr vorstellen, mit welchem Koordinatenwert die Achse „Z" belegt wird, um den „MIN-Punkt" in „Z" zu erfassen?

➤ „ZI-12" ➤

! Und können Sie sich letztendlich erklären, warum der Koordinatenwert (von „Z") „-12" ist?

➤ „Material 12 mm dick/vom WNP aus nach unten –" ➤

Ja, dann wissen Sie auch, warum der „MIN-Punkt" in unserem Beispiel ⇨

X0 0 Y0 0 ZI-12

ist –

und es wird für Sie ein leichtes sein, den „MAX-Punkt" ebenfalls zu erfassen.

Sie erinnern sich:

Im Texteditor (S. 18) können wir das Programm schreiben.

Die erste Programmzeile ist markiert.

Nehmen Sie sich nun also die Zeichnung zur Hand und verfolgen Sie ganz genau und konzentriert die einzelnen Programmsätze!

N10 T="Bohrnutenfräser D12"

Bedeutung →

T="Bohrnutenfräser D12" – (Tool-Werkzeug) mit Name anwählbar

➤ siehe erweiterte Erläuterung.

N20 M06

Bedeutung →

„M06" – Werkzeugwechsel wird aufgerufen –

➤ siehe erweiterte Erläuterung.

N30 G90 G64 G54 G17 G40

Bedeutung →

„G90" – Maße die angegeben werden, beziehen sich auf den WNP.

„G64" – Verschleifung, kleine Verrundung zum nachfolgenden Verfahrweg –

➤ siehe erweiterte Erläuterung.

„G54" – erste Nullpunktverschiebung –

➤ siehe erweiterte Erläuterung.

„G17" – Ebenenauswahl X/Y –

➤ siehe erweiterte Erläuterung.

„G40" – Werkzeugbahnkorrektur „Aus" –

➤ siehe erweiterte Erläuterung.

N40 G00 X19 Y19 Z2 S850 M03 M08

Bedeutung →

„G00" – Eilgang (max. Vorschubgeschwindigkeit der Werkzeugmaschine).

„X19, Y19, Z2" – Zielkoordinaten.

„S850" – Drehzahl des Fräswerkzeuges.

„M03" – Spindel-Drehrichtung des Werkzeuges im Uhrzeigersinn.

„M08" – Kühlmittel „Ein".

N50 G01 Z-2,5 F120

Bedeutung →

„G01" – Geradeninterpolation.

„Z-2,5" – Zielkoordinate (2,5 mm in das Material eintauchen).

➤ siehe erweiterte Erläuterung.

„F120" – Vorschubgeschwindigkeit 120 mm/min.

N60 G01 Y56,2

Bedeutung →

„Y56,2" – Zielkoordinate auf der Y-Achse.

N70 G01 X71,2

Bedeutung →

„X71,2" – Zielkoordinate auf der X-Achse.

N80 G01 Y19

Bedeutung →

„Y19" – Zielkoordinate auf der Y-Achse.

N90 G01 X19

Bedeutung →

„X19" – Zielkoordinate auf der X-Achse.

N100 G00 Z100 M05 M09

Bedeutung →

„G00" – Eilgang.

„Z100" – Zielkoordinate auf der Z-Achse.

„M05" – Spindel „Halt".

„M09" – Kühlmittel „Aus".

N110 G00 X-20 Y-20

Bedeutung →

„X-20, Y-20" – Zielkoordinaten auf der X/Y-Achse.

N120 M30

Bedeutung →

„M30" – Programmende mit Rücksetzen zum Programmanfang.

Erweiterte Erläuterungen:

D1 ⇨

Spalte in der Werkzeugtabelle

Hiermit wird die geometrische (Grund-) Einstellung des Werkzeuges organisiert (D1, D2, D3...). Im Besonderen trifft dieses beim Drehen zu, da an diversen Drehwerkzeugen die geometrischen Daten, im Verhältnis zum Fräswerkzeug, veränderbarer sind. Zum Beispiel können „Einstechmeißel" eine unterschiedliche Schneidebreite aufweisen; was ja auch produktionsbedingt von Vorteil ist.

M06 ⇨

An Maschinen mit Werkzeugwechsler ruft diese Anweisung den Werkzeugwechsel auf. Im zuvor aufgeführten Programm ist dieser Aufruf deswegen sinnvoll, weil wir davon ausgehen müssen, dass das benötigte Fräswerkzeug noch nicht in der Spindel eingesetzt ist.

G64 ⇨

Mit dieser Anweisung führt das Werkzeug eine sogenannte „Verschleifung" aus. Das bedeutet, dass der Zielpunkt des Verfahrsatzes nicht direkt angefahren wird, sondern eine kleine Verrundung zum nachfolgenden Verfahrweg durchgeführt wird.

G54 ⇨

Sagt aus, dass die Aktivierung der „ersten Nullpunktverschiebung" durchgeführt werden soll. Für uns ist zum Verständnis wichtig, dass diese Anweisung für die praktische Fertigung sehr wohl von Bedeutung ist (reale Lage des Werkstückes auf dem Maschinentisch); für uns aber an dieser Stelle des Lehrgangs unberücksichtigt bleiben kann.

G17 ⇨

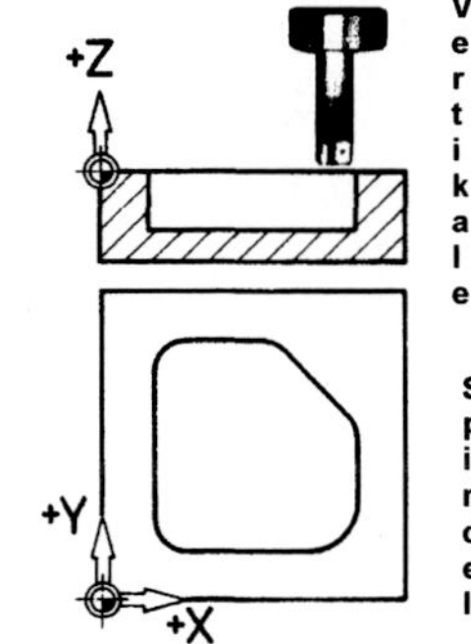

Muss als Angabe erfolgen, weil diese die Lage des Fräswerkzeuges dem Rechner mitteilt.

Mit der Anweisung „G17" verläuft die „Ebenenauswahl" in der „X/Y-Ebene".

Das heißt, dass die Einbaulage des Fräswerkzeuges „vertikal" ist.

Auf Universal-Werkzeug-Fräsmaschinen kann das Fräswerkzeug selbst parallel zu jeder der drei Hauptachsen installiert werden.

„G18" sagt aus, dass die Ebenenauswahl in Z/X gesetzt ist; „G19" in Y/Z.

G40⇨

Werkzeugbahnkorrektur „Aus“. Für die Praxis bedeutet das, dass die im Programm angegebenen Maße auf die, wie in unserem Fall, Fräsermitte (WZ-Seele) zu beziehen sind.

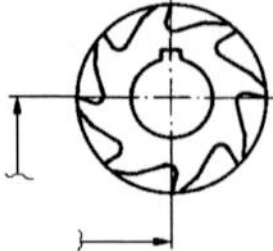

Weiterführend werden wir die Anweisungen „G41“ und „G42“ kennen lernen. Aber das steht auf einem anderen Blatt.

Z-2,5 ⇨

Diese Zielkoordinate, welche ja bezogen auf unser Werkstück – das Eintauchen (Spanen) in den Werkstoff aussagt, kann eventuell zu Verwirrungen führen. So manche lernende Person wird sich die Frage stellen, warum an dieser Stelle nicht „Z-4,5“ steht, muss sich doch das Fräswerkzeug um 4,5 mm nach unten bewegen um eine Material-Einfrästiefe von 2,5 mm zu erreichen.

Die Antwort hierzu ist eigentlich nicht sonderlich schwer, man muss nur darauf stoßen. Schauen Sie sich doch einfach einmal den Programmsatz „N30“ an. Sagt „G90“ (Absolute Maßangaben) nicht aus, dass die Maße, die darauffolgend angegeben werden, auf den Werkstücknullpunkt gesetzt sind!? – Und, alles klar?

Das heißt also, dass das Werkzeug selbstverständlich 2 mm Sicherheitsabstand + 2,5 mm Einfrästiefe zurücklegt, was zusammen addiert ja auch „4,5 mm“ Weg in „Z“ bedeutet, aber das Eintauchmaß selbst in das Material, 2,5 mm bezogen auf den Werkstücknullpunkt beträgt, und das muss ja auch schließlich in „G90“ Modus eingegeben werden.

Das Fertigungsprogramm „Nutplatte“ im Zusammenhang

Durchdenken Sie nochmals das Programm mit Hilfe der Zeichnung **!**

Stellen Sie sich den praktischen Fertigungsablauf bildlich vor **!**

```
N10 T="Bohrnutenfräser"
N20 M06
N30 G90 G64 G54 G17 G40
N40 G00 X19 Y19 Z2 S850 M03 M08
N50 G01 Z-2.5 F120
N60 G01 Y56.2
N70 G01 X71.2
N80 G01 Y19
N90 G01 X19
N100 G00 Z100 M05 M09
N110 G00 X-20 Y-20
N120 M30
```

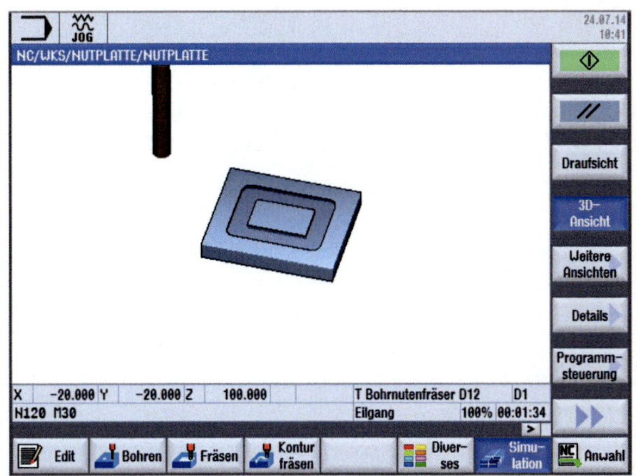

Nunmehr ist das NC-Programm „Nutplatte“ fertig gestellt und Sie haben dabei die praktischen Grundlagen der CNC-Technik erfahren sowie die fundamentale Struktur der Siemens Software „Sinutrain“ kennen gelernt.

Die nun folgende Unterweisungsstruktur dieses CNC-Kurses sieht wie folgt aus:

Aufbauend werden *weitere Bearbeitungsmodi* zu den abgehandelten Themen hinzugefügt. Die entsprechenden Hinzufügungen leiten hin zur dann *folgenden Aufgabenstellung*, die mit *Zeichnung, eventuellem Abarbeitungsplan* und gegebenenfalls - *Besonderheiten*, Fortsetzung findet.

Der Lernende hat anfügend dann die Möglichkeit, dass NC-*Programm* selbstständig auf einem *Formblatt*, welches Bestandteil dieses Buches ist, niederzuschreiben.

Abschließend wird natürlich ein *Lösungsvorschlag (NC-Programm)* aufgezeigt.

3.2.2 Fräserradiuskorrektur (FRK)

Bisher haben wir die Zielkoordinate in „X“ oder „Y“ auf die Mitte des Fräswerkzeuges (Werkzeug-Seele) bezogen (Nutplatte); die „Z-Achse“ können wir in unserem jetzigen Gedankenspiel unberücksichtigt lassen.

Aber stellen wir uns doch jetzt einmal vor, dass wir den Arbeitsauftrag erhalten haben, eine kompliziertere Außenkontur an einem Werkstück zu fertigen.

Ist dann die Ermittlung der einzelnen Zielkoordinate noch so eindeutig genug, um wirtschaftlich das NC-Programm zu erstellen, geschweige denn die Fehlerquote in der Programmerstellung, so gering als möglich zu halten? Vielleicht müssten sogar diverse Berechnungen zur Ermittlung bestimmter Koordinaten vor Ort ausgeführt werden.

Es ist eindeutig → wir sollten die technischen Möglichkeiten für uns nutzen und dementsprechend einsetzen.

Beim Programmieren wird zunächst grundsätzlich die Zielkoordinate auf die Werkzeugmitte (WZ-Seele) bezogen. Somit setzt das Fräswerkzeug beim Fertigen, zum Beispiel einer Außenkontur, eine so genannte „Mittelpunktsbahn", die im NC-Programm selbst, bezogen auf die Zeichnungsmaße, um den Wert des Werkzeugradius nicht stimmig ist.

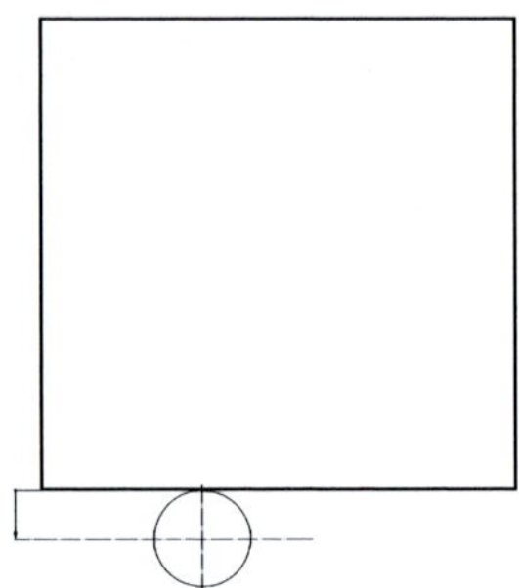

Kurz und knapp: die Koordinatenwerte im NC-Programm entsprechen nicht den Zeichnungsmaßen.

Um dem Abhilfe zu verschaffen und somit dem Fachpersonal die Arbeit zu erleichtern, besteht die Möglichkeit, eine Korrekturanweisung einzugeben.

G41

Mit „G41" wird die Fräserradiuskorrektur „links" aktiviert! Das bedeutet, dass die Korrekturwerte bezogen sind auf

⇨ Fräswerkzeug bewegt sich *„links"* von der zu *erzeugenden Kontur* in *Vorschubrichtung* betrachtet!

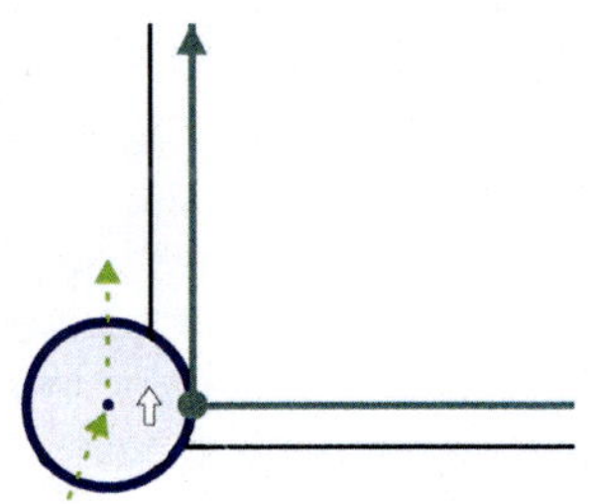

G42

Mit der Anweisung „G42" wird die Fräserradiuskorrektur „rechts" gesetzt!

Das bedeutet, dass die Korrekturwerte bezogen sind auf

⇨ *Fräswerkzeug* bewegt sich *„rechts"* von der zu *erzeugenden Kontur* in *Vorschubrichtung* betrachtet!

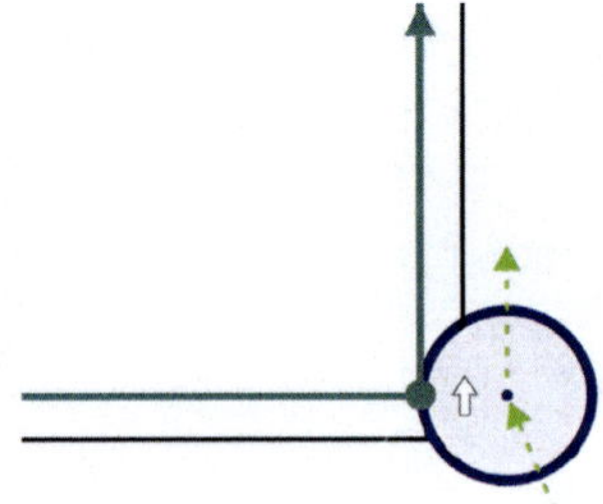

Wie schon zuvor angedeutet, bezieht sich die Fräserradiuskorrektur auf die Koordinatenachsen „X“ und „Y“; was ja auch verständlich ist, denn „Z“ steht ja nicht im direkten Zusammenhang mit dem Fräserradius selbst.

Die Folge aus dieser Feststellung heraus ist, dass die Fräserradiuskorrektur nicht an jeder beliebigen Stelle im NC-Programm stehen sollte.

Im Klartext heißt das also: Wenn auf der „Z-Achse“ verfahren wird, sollte grundsätzlich die Fräserradiuskorrektur nicht aktiv sein; also – „G40“ ist vorher zu setzen.

Eine weitere Besonderheit zum kommenden NC-Programm zeigt uns die Anweisung „CFTCP“ (Constant Feed Tool Center Path).

Mit dieser Einbindung wird festgelegt, dass sich der programmierte Vorschub auf die Fräsermittelpunktsbahn bezieht. Das heißt, an kreisrunden Innenflächen wird der Vorschub an der Kontur erhöht, an Außenkonturen entsprechend verringert; was positive Auswirkungen auf die Oberflächengüte des zu bearbeitenden Werkstoffs mit sich zieht, wie ebenso das Fräswerkzeug selbst geschont wird.

3.2.3 Einfache Konturprogrammierung ⇨ „Beschreibung 1“ (m. FRK)

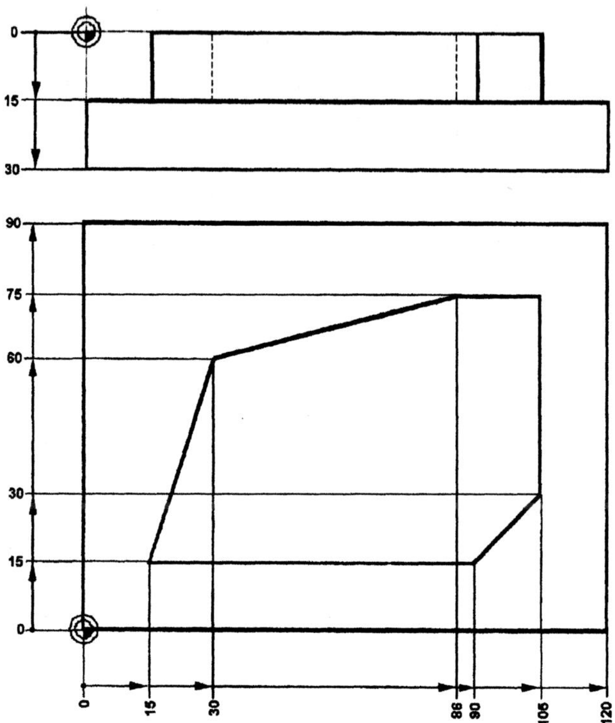

Aufgabenbeschreibung zu 3.2.3:

Die Fertigung dieser Kontur soll mit einem „Igelfräser ∅ 60 mm/90°-Eckplatten“ erfolgen (T=„Igelfräser D60“). Die Drehzahl des Fräswerkzeugs soll 2300 U/min betragen, die Vorschubgeschwindigkeit 450 mm/min.

Aufruf zum Werkzeugwechsel.

Absolutbemaßung, Verschleifung, erste Nullpunkt-Verschiebung, Ebenenauswahl, Fräserradiuskorrektur „Aus“ und „CFTCP“ anweisen.

Mit Eilgang in die vorläufige Startposition in „X, Y, Z“ fahren *(X-16, Y-31, Z2)*. Der Igelfräser befindet sich jetzt also von der Draufsicht aus betrachtet, links unten vor dem Material in 2 mm Sicherheitsabstand zur Werkstoffoberfläche. Spindeldrehzahl, Drehrichtung und Kühlflüssigkeit eingeben.

Im Eilgang in „Z“ auf Frästiefe gehen.

Im Eilgang und mit Fräserradiuskorrektur „links“ in „X“ auf Zeichnungsmaß 15 mm fahren.

! Das Fräswerkzeug steht jetzt in korrekter Start – Position, ☝ es ist wichtig, dass Sie das nachvollziehen können !

In Vorschubgeschwindigkeit „F“ auf „Y15“ spanen.

! Das Fräswerkzeug hat den „linken unteren Eckpunkt“ der Kontur (Draufsicht) erreicht !

Kontur-Koordinate in „X30 und Y60“ anfahren.

Kontur-Koordinate in „X... und Y...“ anfahren.

Kontur-Koordinate in „X... und Y...“ anfahren.

Kontur-Koordinate in „X... und Y...“ anfahren.

Kontur-Koordinate in „X... und Y...“ anfahren.

(Kontur)-Koordinate in „X-1 und Y15“ anfahren.

! Das Fräswerkzeug wird links (Draufsicht) aus dem Material herausgefahren !

Im Eilgang auf „X-50 und Y-50“ fahren. Dabei Fräserradiuskorrektur „Aus“ stellen.
Im Eilgang auf „Z100“ fahren. „Spindel Halt“ und Kühlmittel „Aus“ anweisen.
Programm-Ende.

Bitte schreiben Sie jetzt Ihr NC-Programm!
Arbeiten Sie mit dem Buch; tragen Sie Ihre Werte einfach in das Formblatt auf der kommenden Seite ein!

⇩

3.2.4 Programmierübung 1

N10	
N20	
N30	
N40	
N50	
N60	
N70	
N80	
N90	
N100	
N110	
N160	
N170	
N180	
N190	
N200	
N210	
N220	
N230	
N240	
N250	
N260	
N270	
N280	
N290	
N300	

3.2.5 Programmierübung 1 – Lösung

N10	T=„Igelfräser D60“
N20	M06
N30	G90 G64 G54 G17 G40 CFTCP
N40	G00 X-16 Y-31 Z2 S2300 M03 M08
N50	G00 Z-15
N60	G00 G41 X15
N70	G01 Y15 F450
N80	G01 X30 Y60
N90	G01 X86 Y75
N100	G01 X105 Y75
N110	G01 X105 Y30
N120	G01 X90 Y15
N130	G01 X-1 Y15
N140	G00 G40 X-50 Y-50
N150	G00 Z100 M05 M09
N160	M30

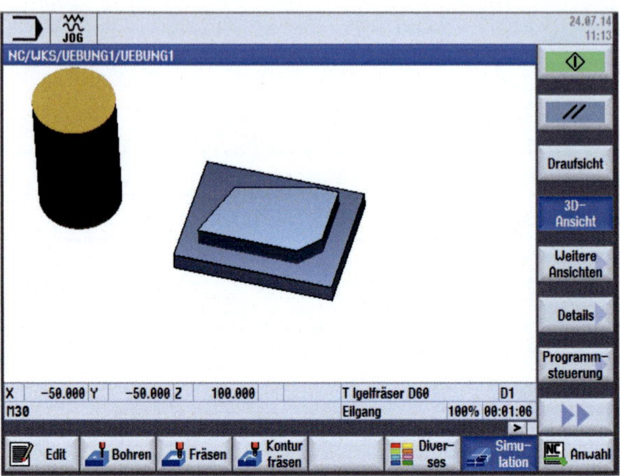

So, – Ihr erstes, eigenständig geschriebenes NC-Programm ist erstellt und die Simulationsgrafik zeigt Ihnen hoffentlich das gewünschte Ergebnis.

3.2.6 Zirkularinterpolation

Zur Erstellung kreisförmigen Konturen benötigt die Steuerung mehrere Angaben:

- **G02** – Kreisinterpolation (rechtsdrehend/im Uhrzeigersinn.

oder

- **G03** – Kreisinterpolation (linksdrehend/im Gegenuhrzeigersinn.
- **X...., Y....** – Koordinaten des Zielpunktes (Kreisendpunkt).
- **I...., J....** – Lage des Kreiszentrums durch Angabe der Mittelpunksparameter.

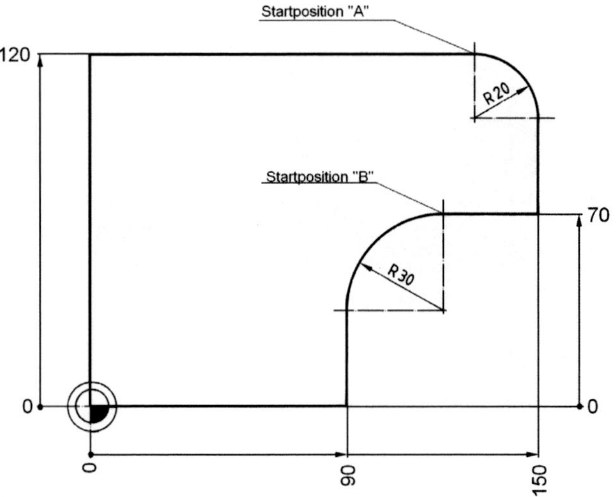

Um die Zirkularinterpolation und die damit verbundene NC-Satzgestaltung zu verdeutlichen, ist es sinnvoll, dieses anhand von einem Teile-Beispiel abzuhandeln.

Teile-Beispiel:

Das Fräswerkzeug befindet sich am Startpunkt „A". Die Fräserradiuskorrektur „G41" ist aktiv.

N... G02 X150 Y100 I0 J-20

Der Radius wird gefräst.

Lösen wir diesen NC-Satz gemeinsam auf ➤

G02 ist wohl eindeutig, denn die Vorschubbewegung des Fräsers beim Radius fräsen ist *„im Uhrzeigersinn/rechtsdrehend"*.

X150/Y100 dürfte auch kein Problem darstellen, denn diese Angaben sind nun mal die Zielkoordinaten *(Endkoordinaten)* des Radius. Und denken Sie bitte daran – wir haben „G41" aktiv; wir brauchen also nur die Zeichnungskoordinaten zu lesen!

„I0"/„J-20". Können Sie sich diese Werte erklären?

Schauen Sie sich bitte dazu die grafische Deutung an.

„I" entspricht genau genommen der „X"-Achse, allerdings mit dem einen Unterschied, dass der Koordinaten-Wert selbst, „inkremental" ist.

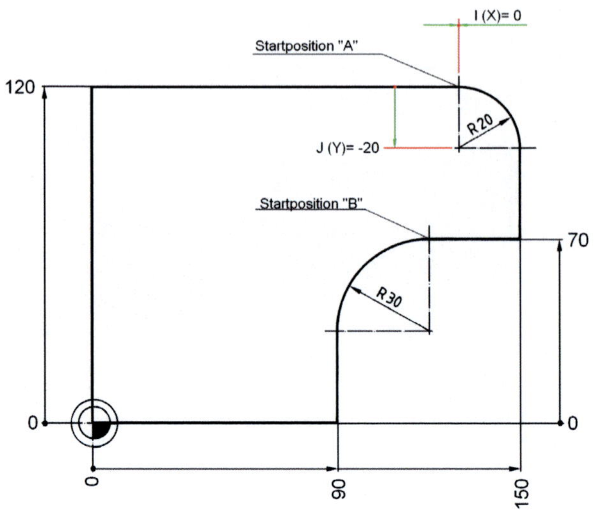

Und da die Startposition und das Zentrum des Radius in „I" (X) übereinstimmen, muss „I auf 0" gesetzt werden.

Mit „J" verhält es sich genauso. „J" zeigt uns die „Y"-Achse mit „inkrementaler Wertangabe". Berücksichtigt man, dass von der Startposition aus es 20 mm in Minusrichtung (Richtung WNP in „Y") zum Radiuszentrum ist, so ist auch zu verstehen, dass ein Minuszeichen vor dem Wert 20 gesetzt werden muss.

N... G01 X150 Y70

N... G01 X120 Y70

N... G03 X90 Y40 I0 J-30

N...

N ...

Noch ein kleiner Hinweis.

Im folgenden NC-Programm soll der Vorschub bei „Innenkrümmungen" (Radius) konstant verlaufen, dazu geben wir die Anweisung „CFIN".

3.2.7 Einfache Konturprogrammierung ⇨ „Beschreibung 2“ (Zirkularinterpolation)

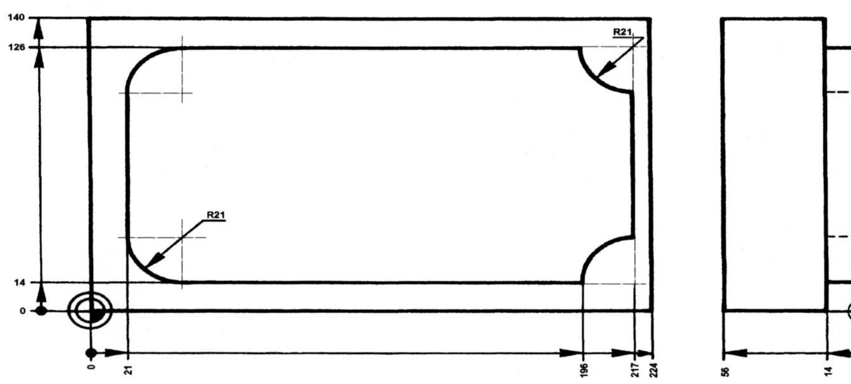

Aufgabenbeschreibung zu 3.2.7:

Das Fräswerkzeug „T=„Igelfräser D32 ∅ 32 mm, 90° Eckplatten soll eingesetzt werden.
Die entsprechende Drehzahl von „S3500 U/min“ ist einzustellen, und die Vorschubgeschwindigkeit F600 mm/min soll gewählt werden.

Aufruf zum Werkzeugwechsel.

Absolutbemaßung, Verschleifung, erste Nullpunkt-Verschiebung, Ebenenauswahl, Fräserradiuskorrektur „Aus“ und „CFIN“ anweisen.

Jetzt mit „Eilgang“ in die vorläufige Startposition fahren. „Drehzahl“ und „Drehrichtung“ des Werkzeuges aktivieren. „Kühlmittel Ein.“

Mit „Eilgang“ auf Frästiefe fahren.

Mit gewählter „Vorschubgeschwindigkeit“ und „Fräserradiuskorrektur – links“ in „X“ auf „21“ spanen.

Auf „X21“ und „Y105“ (126 minus Radius!) spanen.

Radius fräsen ➤ G02 X... Y... I... J...

Mit „G01“ auf „X196 Y...“ fahren.

Radius fräsen ➤ G03 X... Y... I... J...

Mit „G01“ auf „X... Y...“ fahren.

Radius fräsen ➤ G... X... Y... I... J-... (!)

Mit „G01“ auf „X... Y...“ fahren.

Radius fräsen ➤ G... X... Y... I... J...

Mit „G01“ und „Fräserradiuskorrektur – Aus“ auf „X-2,5“ fahren.

Mit „Eilgang“ auf „Z2“. ⇩

Und versuchen Sie jetzt in „eigener Regie“ den eventuell noch verbleibenden Restwerkstoff (Ecken) abzutragen.

Anschließend beenden Sie wie gewohnt das NC-Programm.

Im NC-Programmlöser wird die Reststoff - Spanung nicht aufgeführt werden!

3.2.8 Programmierübung 2

N10	
N20	
N30	
N40	
N50	
N60	
N70	
N80	
N90	
N100	
N110	
N160	
N170	
N180	
N190	
N200	
N210	
N220	
N230	
N240	
N250	
N260	
N270	
N280	
N290	
N300	

3.2.9 Programmierübung 2 – Lösung

N10	T=„Igelfräser D32“
N20	M06
N30	G90 G64 G54 G17 G40 CFIN
N40	G00 X-17 Y34 Z2 S3500 M03 M08
N50	G00 Z-14
N60	G01 G41 X21 F600
N70	G01 X21 Y105
N80	G02 X42 Y126 I21 J0
N90	G01 X196 Y126
N100	G03 X217 Y105 I21 J0
N110	G01 X217 Y35
N120	G03 X196 Y14 I0 J-21
N130	G01 X42 Y14
N140	G02 X21 Y35 I0 J21
N150	G01 G40 X-2,5
N160	....
N....	....
N....	G00 X-50 Y-50
N....	G00 Z100 M05 M09
N....	M30

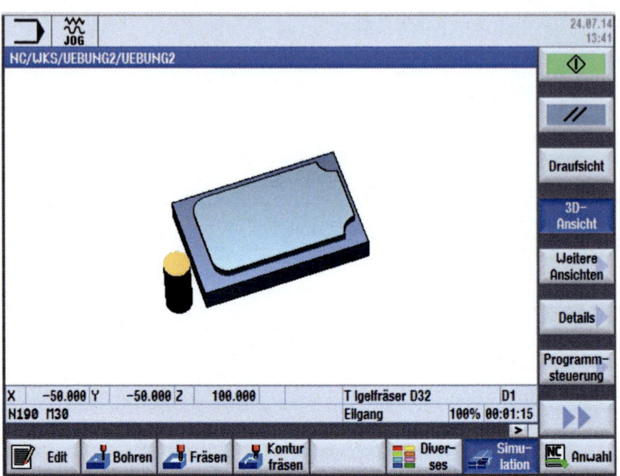

Sie erkennen, dass dieses NC-Programm schon etwas anspruchsvoller ist. Und wir werden uns noch steigern.

Bleiben Sie also mit mir am Ball!

Ihnen ist sicherlich aufgefallen, dass mit diesem Übungsstück die Aufgabenbeschreibung und die Lösung zur Programmierung selbst variable Positionen aufzeigt zu denen Sie zusätzlich „aktiv“ werden sollten.

Ziehen Sie Ihren Vorteil aus dieser Gegebenheit. Lernen Sie *„problemorientiert Programmieren“*! Denn so fit Sie auch später diese Technik anwenden, Sie werden immer auf Problemstellungen stoßen, die Sie dann auch Bewältigen sollten! Üben Sie sich also schon einmal diesbezüglich hinein.

3.2.10 Zyklen

Kommen wir nun zum Thema „NC-Zyklus“.

Der Begriff „Zyklus“ sagt aus, dass mit diesem etwas in „Abfolge“ oder „Aufeinanderfolge“ geschieht und etwas „immer Wiederkehrendes“ vorgegeben ist.

Und so verhält es sich auch in der CNC-Technik. Diverse Bearbeitungszyklen steuern letztendlich bestimmte Bearbeitungsabläufe, die zur Erstellung verschiedenster Konturstrukturen Voraussetzung schaffen. Auch häufig vorkommende Einzelbearbeitungsschritte, zum Beispiel – „Tiefbohren“, ist in der Regel als „Zyklus“ vom Steuerungshersteller vorprogrammiert.

Beim Programmieren eines NC-Programms, wird der Zyklus durch eine Anweisung aufgerufen. Den Verfahranweisungen in der Zyklusdefinition selbst sind noch keine dem entsprechenden Koordinatenwerte oder Sekundärmitteilungen zugeschrieben, denn diese Aufgabe obliegt dem Programmierer Vorort. Diese noch fehlenden Daten, die ja in Abhängigkeit von den zu erzeugenden Aufgaben stehen, sind so gesehen, „veränderliche Größen“, die auch als „Parameter“ bezeichnet werden.

Je nach Maschine- oder Steuerungshersteller stehen dem Fachpersonal verschiedene Zyklen zur Verfügung.

Die Palette reicht von – „Bohren, Gewindebohren, Reiben, Langlochfräsen, Kreistaschenfräsen, Rechtecktaschenfräsen, Abspanen allgemein, bis hin zu diversen Sonderbearbeitungsabläufen, die in der Ausführung sehr individuell sein können.

Kommen wir jetzt im Besondern zum **„Kreistaschen-Zyklus-POCKET4“**.

Grundsätzliche Funktion:

Vor Zyklusbeginn sollte (kann) das Werkzeug im Sicherheitsabstand, also über Material, angefahren sein. Die Zyklus-Startposition ist zentrisch zu der zu erstellenden Kreistasche selbst.

Die Bearbeitung (Schruppen) der Tasche erfolgt entsprechend der programmierten Eintauchstrategie und unter Berücksichtigung der eingegebenen Maße.

Das „Schlichten“ wird in einem darauffolgenden Zyklussatz ausgeführt. Mit diesem wird das Schlichtaufmaß in der Reihenfolge „Rand/Grund“ gespant.

☞ Weitere Informationen entnehmen Sie bitte der beigefügten Programmieranleitung (Software).

Programmierung nach „POCKET4“:

Parameter G-Code Programm		
PL	Bearbeitungsebene	
	Fräsrichtung	
RP	Rückzugsebene	mm
SC	Sicherheitsabstand	mm
F	Vorschub	*
Parameter	**Beschreibung**	**Einheit**
Bearbeitung	• ∇ (Schruppen, ebenenweise oder helikal) • ∇∇(Schlichten, ebenenweise oder helikal) • ∇∇∇ Rand (Schlichten am Rand, ebenenweise oder helikal) • Anfasen	
Bearbeitungsart	• ebenenweise Kreistasche ebenenweise bearbeiten • helikal Kreistasche helikal bearbeiten	
Bearbeitungsposition	• Einzelposition Es wird eine Kreistasche auf die programmierte Position (X0, Y0, Z0) gefräst.	

Bearbeitungs-position	• Positionsmuster Es werden mehrere Kreistaschen auf einem Positionsmuster (z. B. Vollkreis, Teilkreis, Gitter usw.) gefräst.	**Einheit**
	Die Bezugspunkte beziehen sich auf den Mittelpunkt der Kreistasche:	mm
X0	Bezugspunkt X – (nur bei Einzelposition)	mm
Y0	Bezugspunkt Y – (nur bei Einzelposition)	mm
Z0	Bezugspunkt Z – (nur bei Einzelposition und G-Code Positionsmuster)	mm
∅	Durchmesser der Tasche	mm
Z1	Taschentiefe (abs) oder Tiefe bezogen auf Z0 (ink) - (nur bei ∇, ∇∇ und ∇∇∇ Rand)	mm
DXY	• maximale Ebenenzustellung • maximale Ebenenzustellung als Prozentsatz des Fräserdurchmessers – (nur bei ∇ und ∇∇)	In %
DZ	maximale Tiefenzustellung – (nur bei ∇, ∇∇ und ∇∇ Rand)	mm
UXY	Schlichtaufmaß Ebene – (nur bei ∇, ∇∇ und ∇∇∇ Rand)	mm
UZ	Schlichtaufmaß Tiefe – (nur bei ∇ und ∇∇∇)	mm
Eintauchen	Verschiedene Eintauchmodi sind wählbar – (nur bei Bearbeitungsvariante „ebenenweise“ und bei ∇, ∇∇ und ∇∇ Rand): • vorgebohrt (nur bei G-Code) • senkrecht: Senkrecht auf Taschenmitte eintauchen Die errechnete Zustelltiefe wird in der Taschenmitte senkrecht ausgeführt. Vorschub: Zustellvorschub wie unter FZ programmiert • helikal: Eintauchen auf Spiralbahn Der Fräsermittelpunkt verfährt auf der durch den Radius und die Tiefe pro Umdrehung bestimmten Spiralbahn. Ist die Tiefe für eine Zustellung erreicht, wird noch ein voller Kreis ausgeführt, um die schräge Bahn des Eintauchens zu beseitigen. Vorschub: Bearbeitungsvorschub Hinweis: Beim senkrecht auf Taschenmitte eintauchen muss der Fräser über Mitte schneiden oder es muss vorgebohrt werden.	
FZ	Zustellvorschub Tiefe – (nur bei Eintauchen und senkrecht)	*

EP	maximale Steigung der Helix – (nur bei Eintauchen helikal) Die Steigung der Helix kann auf Grund der geometrischen Verhältnisse geringer sein.	mm/U
ER	Radius der Helix – (nur bei Eintauchen helikal) Der Radius darf nicht größer als der Fräserradius sein, da sonst Material stehen bleibt. Achten Sie außerdem darauf, dass die Kreistasche nicht verletzt wird.	mm
Ausräumen	• Komplettbearbeitung Die Kreistasche soll aus dem vollen Material gefräst werden (z. B. Gussteil). • Nachbearbeitung Es ist bereits eine Kreistasche oder eine Bohrung vorhanden, welche vergrößert werden soll. Die Parameter AZ, und ∅ 1 müssen programmiert werden.	
FS	Fasenbreite für Anfasen – (nur bei Anfasen)	mm
ZFS	Eintauchtiefe Werkzeugspitze (abs oder ink) – (nur bei Anfasen)	mm
AZ	Tiefe der Vorbearbeitung – (nur bei Nachbearbeitung)	mm
∅ 1	Durchmesser der Vorbearbeitung – (nur bei Nachbearbeitung)	mm

Sicherlich ist das für Sie zunächst sehr verwirrend; versuchen Sie aber dennoch mit Hilfe der schon erwähnten Programmieranleitung sich weiter Aufklärung zu verschaffen.

Nicht zuletzt sollten Sie sich an das NC-Programm selbst wagen, denn aus der Praxis heraus ist manches viel Einfacher, als man vorher gedacht hat.

☞ Im weiteren Verlauf des Kurses wird nur bedingt auf diverse Programmierstrukturen (Zyklen etc.) eingegangen.

3.2.11 Zyklus-Kreistasche ⇨ „Beschreibung 3“

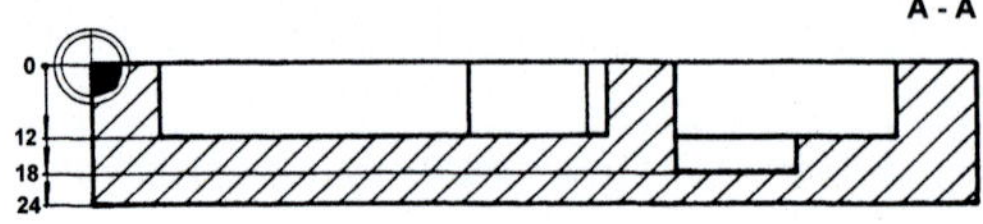

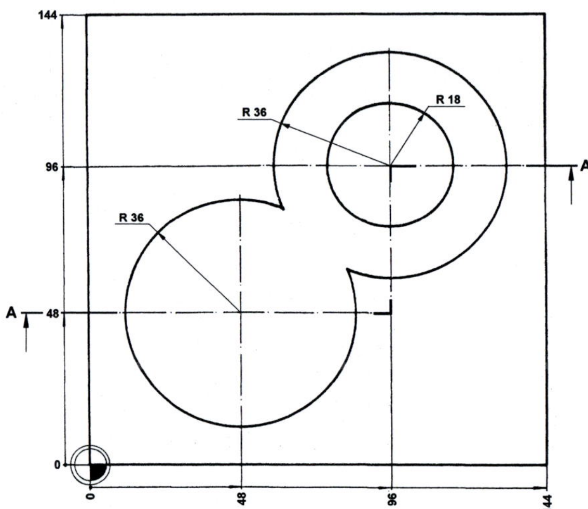

Aufgabenbeschreibung zu 3.2.11:

Das Fräswerkzeug „T=„Langlochfräser D12“ – ∅ 20, muss „stirnfräsend“ einsetzbar sein (Zweischneider ....), damit es in das volle Material einfräsen kann.

Die Drehzahl soll „4200 U/min“ betragen und die Vorschubgeschwindigkeit „F“ – Vorschub für Flächenbearbeitung (Kreistaschenzyklus) sowie „F (FZ)“ – Vorschub für Tiefenzustellung (Kreistaschenzyklus), wählen Sie bitte nach den vorstehenden Angaben selbstständig (~).

Aufruf zum Werkzeugwechsel.

Absolutbemaßung, Verschleifung, erste Nullpunkt- Verschiebung, Ebenenauswahl, Fräserradiuskorrektur „Aus“.

Jetzt mit „Eilgang“ in die Startposition **„X48“**, **„Y48“**, „Z2“ fahren. Natürlich Drehzahl und Drehrichtung des Werkzeuges eingeben; Kühlmittel anweisen.

Nun Zyklus „Kreistasche“ – POCKET4 öffnen.

! Erster Zyklussatz – Schruppen/Zweiter Zyklussatz – Schlichten **!**

Nun Zyklus „Kreistasche“ – POCKET4 öffnen.

! Erster Zyklussatz – Schruppen/Zweiter Zyklussatz – Schlichten **!**

Hinweis: Das Anfahren der zweiten/.... Kreistasche erfolgt in der Parameterangabe selbst ⇨X96/Y96!

Nun Zyklus „Kreistasche" – POCKET4 öffnen.

! Erster Zyklussatz – Schruppen/Zweiter Zyklussatz – Schlichten !

Programm-Ende wie üblich.

3.2.12 Programmierübung 3

N10	
N20	
N30	
N40	
N50	
N60	
N70	
N80	
N90	
N100	
N110	
N160	
N170	
N180	
N190	
N200	
N210	
N220	
N230	
N240	
N250	
N260	
N270	
N280	
N290	
N300	

3.2.13 Programmierübung 3 – Lösung

N10	T=„Langlochfräser D12“
N20	M06
N30	G90 G64 G54 G17 G40
N40	G00 X48 Y48 Z2 S4200 M03 M08
N50	POCKET4 (2, 0, 1, -12, 36, 48, 48, 6, 0.5, 0.2, 315, 600, 0, 21, 10, , , 3, 1)
N60	POCKET4 (2, 0, 1, -12, 36, 48, 48, 12, 0.5, 0.2, 315, 600, 0, 22, 10, , , 3, 1)
N70	POCKET4 (2, 0, 1, -12, 36, 96, 96, 6, 0.5, 0.2, 315, 600, 0, 21, 10, , , 3, 1)
N80	POCKET4 (2, 0, 1, -12, 36, 96, 96, 12, 0.5, 0.2, 315, 600, 0, 22, 10, , , 3, 1)
N90	POCKET4 (2, -12, 1, -18, 18, 96, 96, 6, 0.5, 0.2, 315, 600, 0, 21, 10, , , 3, 1)
N100	POCKET4 (2, -12, 1, -18, 18, 96, 96, 6, 0.5, 0.2, 315, 600, 0, 22, 10, , , 3, 1)
N110	G00 Z100 M05 M09
N120	G00 X-50 Y-50
N130	M30

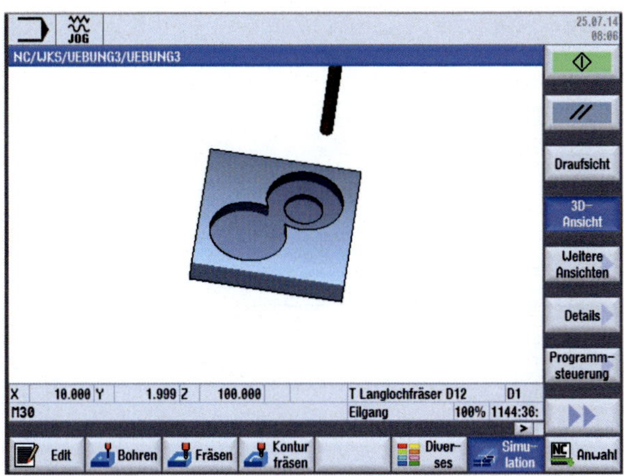

Sicherlich gab es bei der Erstellung dieses NC-Programms hier und da Hürden, die Sie überwinden mussten. Sei es mit dem Handling der Software, mit dem Spanungsablauf selbst oder mit den doch sehr abstrakten Daten von „POCKET4".

Aber wenn Sie die Probleme gelöst haben, dann sind Sie auf dem richtigen Weg zum Erfolg!

Fortan werden Sie bestimmte Rahmenbedingungen zu den kommenden Aufgabenstellungen selbstständig erarbeiten. Das heißt, dass ich Ihnen nach und nach Freiraum in der grundlegenden Konzeption zu den einzelnen Übungssegmenten überlasse.

Nicht nur, dass Sie jetzt dazu in der Lage sind, sondern, Sie werden dieses gern Annehmen; – glauben Sie mir!

Der Kreistaschen-Zyklus „POCKET4" und der **Rechtecktaschen-Zyklus „POCKET3"** ist in der Programmierstruktur annähernd gleich. Schauen Sie sich doch einfach mal hierzu die Programmieranleitung an.

3.2.14 Zyklus-Rechtecktasche ⇨ „Beschreibung 4“ mit Werkzeugwechsel

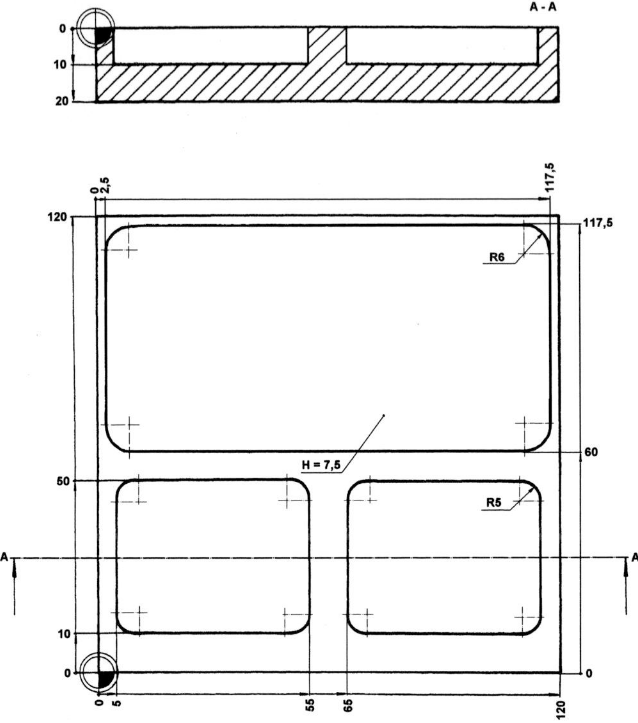

In der Zyklus-Parameterdefinition „POCKET3“ finden Sie fünf weitere Eingabefelder, die auf den Modus „Rechtecktasche“ zugeschnitten sind.

Parameter	Beschreibung	Einheit
Bezugspunkt	Folgende verschiedene Lagen des Bezugspunktes sind wählbar: • (Mitte) • (unten links) • (unten rechts) • (oben links) • (oben rechts) Der Bezugspunkt (blau markiert) wird im Hilfebild angezeigt.	

Parameter	Beschreibung	Einheit
W	Breite der Tasche	mm
L	Länge der Tasche	mm
R	Eckenradius	mm
$\alpha 0$	Drehwinkel	Grad

Nach Fertigstellung der zwei kleinen Taschen wollen wir einen Werkzeugwechsel durchführen– und zwar von Fräswerkzeug *∅ 10 mm* auf Fräswerkzeug *∅ 12 mm*. Technologisch ist das zwar nicht erforderlich (CRAD – von Eckenradius 5 mm/kleine Taschen auf 6 mm/große Tasche), aber wir wollen uns den Werkzeugwechsel aus Übungszwecken heraus einfach mal zumuten.

Beachten Sie bitte auch, dass *mit dem Werkzeugwechsel*, ein gewisser *Modus in Bezug zur NC-Satzgestaltung* durchgeführt werden muss ⇨

(N.... T=... N... M06/N... G90 G64 G54 G17 G40/N... G00 X... Y... Z... – usw.).

Ach ja, – und vergessen Sie nicht den Satz davor, der Ihnen das Ausspannen des Werkzeugs in der Praxis überhaupt erst ermöglicht; und sehen Sie zu, dass Ihre Hände trocken bleiben.

<u>Aufgabenbeschreibung zu 3.2.14:</u>

Die Fräswerkzeuge „T=„Langlochfräser D10“ – ∅ 10 und „T=„Langlochfräser D12“ – ∅ 12 müssen „stirnfräsend“ einsetzbar sein (Zweischneider ....), damit diese in das volle Material einfräsen können.

Die Drehzahl soll bei beiden Fräswerkzeugen „4200 U/min“ betragen.
Die Vorschubgeschwindigkeiten „F“ können Sie frei wählen.

Beginnen Sie mit der linken – kleinen Rechtecktasche!

3.2.15 Programmierübung 4

N10	
N20	
N30	
N40	
N50	
N60	
N70	
N80	
N90	
N100	
N110	
N120	
N130	
N140	
N150	
N160	
N170	
N180	
N190	
N200	
N210	
N220	
N230	
N240	
N250	
N260	
N270	

3.2.16 Programmierübung 4 – Lösung

N10	T=„Langlochfräser D10“
N20	M06
N30	G90 G64 G54 G17 G40
N40	G00 X0 Y0 Z2 S4200 M03 M08
N50	ZSD [2]=1
N60	POCKET3 (2, 0, 1, -10, 50, 40, 5, 5, 10, 0, 5, 0.2, 0.2, 600, 1200, 0, 21, 5, , , , 2, 1)
N70	ZSD [2]=1
N80	POCKET3 (2, 0, 1, -10, 50, 40, 5, 5, 10, 0, 10, 0.2, 0.2, 600, 1200, 0, 22, 5, , , , 2, 1)
N90	ZSD [2]=1
N100	POCKET3 (2, 0, 1, -10, 50, 40, 5, 65, 10, 0, 5, 0.2, 0.2, 600, 1200, 0, 21, 5, , , , 2, 1)
N110	ZSD [2]=1
N120	POCKET3 (2, 0, 1, -10, 50, 40, 5, 65, 10, 0, 10, 0.2, 0.2, 600, 1200, 0, 22, 5, , , , 2, 1)
N130	G00 Z100 M05 M09
N140	T=„Langlochfräser D12“
N150	M06
N160	G90 G64 G54 G17 G40
N170	G00 X0 Y60 Z2 S4200 M03 M08
N180	ZSD [2]=1
N190	POCKET3 (2, 0, 1, -7.5, 115, 57.5, 6, 2.5, 60, 0, 5, 0.2, 0.2, 600, 1200, 0, 21, 6, , , , 2, 1)
N200	ZSD [2]=1
N210	POCKET3 (2, 0, 1, -7.5, 115, 57.5, 6, 2.5, 60, 0, 7.5, 0.2, 0.2, 600, 1200, 0, 22, 6, , , , 2, 1)
N220	G00 Z100 M05 M09
N230	G00 X-50 Y-50
N240	M30

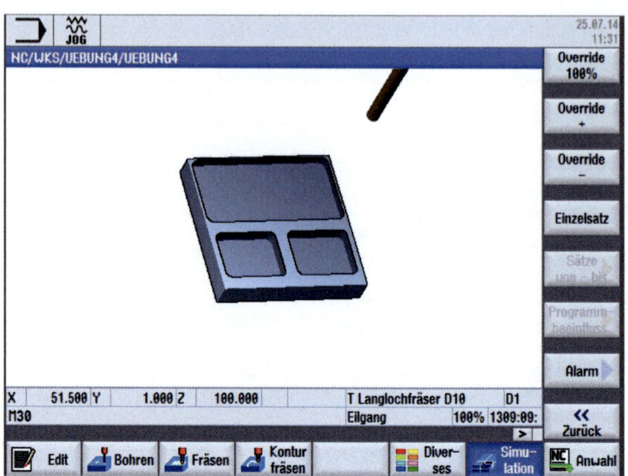

Vielleicht trifft es zu, dass kleine Unterschiede in der NC-Programmgestaltung zwischen Ihrem erarbeiteten Programm und meinem Lösungsvorschlag bestehen.

Aber das sollte Ihnen keine Sorgen machen! Vielmehr ist die Richtigkeit des Geschriebenen von Bedeutung und ob dieses zutrifft, können Sie ja ersehen.

Es gibt nun mal mehrere Wege nach Rom.

Und im Übrigen, erwerben Sie sich ruhig im Laufe der Zeit eine individuelle Programm-Schreibart, man wird Sie daran erkennen.

3.2.17 Zyklus-Bohren ⇨ „Beschreibung 5“

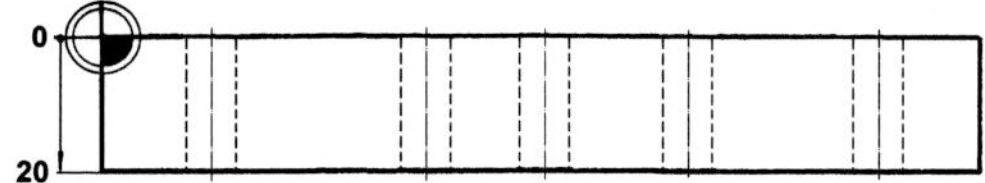

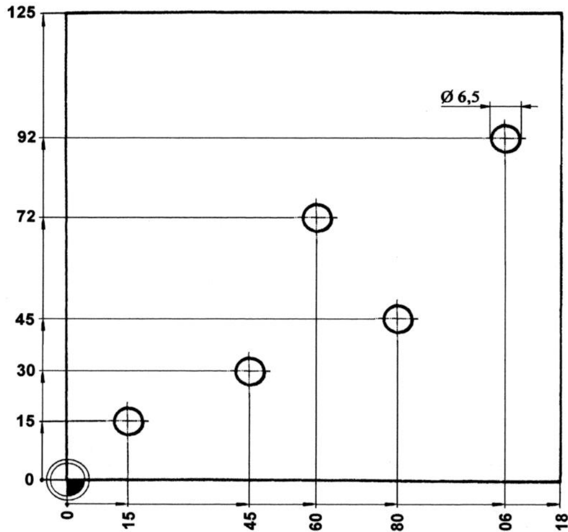

Der Bohrzyklus „Bohren“ (**CYCLE83** – Tieflochbohren) beinhaltet, wie die schon zuvor angesprochenen Zyklen, eine Vielzahl von Parameter-Positionen.

Der grundsätzliche Ausführungsmodus sieht wie folgt aus:

Das Werkzeug spant mit der programmierten

Spindeldrehzahl und der angegebenen Vorschubgeschwindigkeit bis zur gewünschten Endbohrtiefe.

Hierbei besteht die Eingabemöglichkeit, den Bohrvorgang selbst durch mehrmalige, – schrittweise Tiefenzustellung zu splitten. Dieses kann zum einen durch *„Entspanen“* geschehen; ⇨ das Bohrwerkzeug wird komplett aus dem Bohrloch geführt, oder durch *„Spanbrechen“* ⇨ das Bohrwerkzeug wird um jeweils, zum Beispiel, 1 mm im Bohrloch zurückgeführt.

Die NC-Programmstruktur zum Zyklus „Bohren – CYCLE83“:

Zunächst einmal verfahren wir wie gewohnt in der Satzgestaltung. Das heißt, dass das Werkzeug (T=„Bohrer D6,5“, ∅ 6.5) mit all seinen programmtechnischen Vorgaben auf die Position, in diesem Fall – *„X15, Y15* und *Z2“* (Ausgangsposition – erste Bohrung), geführt werden sollte. Die Wahl zu Drehzahl, Vorschubgeschwindigkeit usw. ist Ihnen überlassen. Vielleicht orientieren Sie sich hierzu in Ihrem Tabellenbuch.

Nachdem Sie also die grundsätzliche Startposition zum ersten Bohrvorgang programmiert haben,

☞ etwas Neues!

Sie müssen im darauf folgenden Satz – ***MCALL*** in Verbindung mit CYCLE83 (...) setzen.

MCALL beinhaltet, dass der Bohrzyklus *„modal"*, das heißt, in einer bestimmten Art und Weise, ausgeführt werden soll. Im Klartext, – der Bohrzyklus wird an allen darauf folgenden Koordinaten-Positionen (programmierte Verfahrwege), die in Folge der Zyklusdefinition aufgeführt sind, durchgeführt.

Im Anschluss dessen wird durch erneute Angabe von „MCALL" dieser Modus zurückgesetzt um dann abschließend, wie in unserem Übungsstück, das NC-Programm mit den erforderlichen Schritten zu beenden.

Programmierung nach „CYCLE83":

Parameter G-Code Programm		
PL	Bearbeitungsebene	
RP	Rückzugsebene	mm
SC	Sicherheitsabstand	mm
SC	Sicherheitsabstand	mm
F	Vorschub	*
Bearbeitungs-position (nur bei G-Code)	• Einzelposition Bohrung auf programmierte Position bohren. • Positionsmuster Position mit MCALL	
Z0 (nur bei G-Code)	Bezugspunkt Z	mm
Bearbeitung	• Entspanen Der Bohrer fährt zum Entspanen aus dem Werkstück heraus. • Spänebrechen Der Bohrer zieht um Rückzugsbetrag V2 zum Späne brechen zurück.	
Bohrtiefe	• Schaft (Bohrtiefe bezogen auf den Schaft) Es wird so tief eingetaucht, bis der Bohrerschaft den programmierten Wert Z1 erreicht hat. Dabei wird der in der Werkzeugliste eingegebene Winkel berücksichtigt. • Spitze (Bohrtiefe bezogen auf die Spitze) Es wird so tief eingetaucht, bis die Bohrerspitze den programmierten Wert Z1 erreicht hat.	

Z1	Bohrtiefe (abs) oder Bohrtiefe bezogen auf Z0 (ink) Es wird so tief eingetaucht, bis Z1 erreicht ist.	mm
D – (nur bei G-Code)	1. Bohrtiefe (abs) oder 1. Bohrtiefe bezogen auf Z0 (ink)	mm
Bearbeitungs-position (nur bei G-Code)	• Einzelposition Bohrung auf programmierte Position bohren. • Positionsmuster Position mit MCALL	
Z0 (nur bei G-Code)	Bezugspunkt Z	mm
Bearbeitung	• Entspanen Der Bohrer fährt zum Entspanen aus dem Werkstück heraus. • Spänebrechen Der Bohrer zieht um Rückzugsbetrag V2 zum Späne brechen zurück.	
Bohrtiefe	• Schaft (Bohrtiefe bezogen auf den Schaft) Es wird so tief eingetaucht, bis der Bohrerschaft den programmierten Wert Z1 erreicht hat. Dabei wird der in der Werkzeugliste eingegebene Winkel berücksichtigt. • Spitze (Bohrtiefe bezogen auf die Spitze) Es wird so tief eingetaucht, bis die Bohrerspitze den programmierten Wert Z1 erreicht hat.	
Z1	Bohrtiefe (abs) oder Bohrtiefe bezogen auf Z0 (ink) Es wird so tief eingetaucht, bis Z1 erreicht ist.	mm
D – (nur bei G-Code)	1. Bohrtiefe (abs) oder 1. Bohrtiefe bezogen auf Z0 (ink)	mm

3.2.18 Programmierübung 5

N10	
N20	
N30	
N40	
N50	
N60	
N70	
N80	
N90	
N100	
N110	
N120	
N130	
N140	
N150	
N160	
N170	

3.2.19 Programmierübung 5 – Lösung

N10	T=„Bohrer D6,5“
N20	M06
N30	G90 G64 G54 G17 G40
N40	G00 X15 Y15 Z2 S5000 M03 M08
N50	F1200
N60	MCALL CYCLE83 (2, 0, 1, -23, , -12, , 4, 0, , 1, 0, 3, 3, 1, 0,)
N70	G00 X15 Y15
N80	G00 X45 Y30
N90	G00 X80 Y45
N100	G00 X60 Y72
N110	G00 X106 Y92
N120	MCALL
N130	G00 Z100 M05 M09
N140	G00 X-50 Y-50
N150	M30

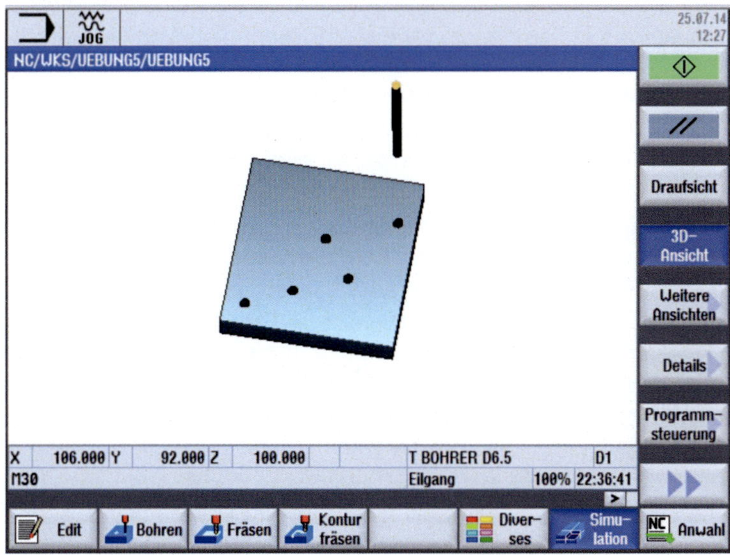

3.2.20 Unterprogramm – Technik ⇨ „Beschreibung 6“

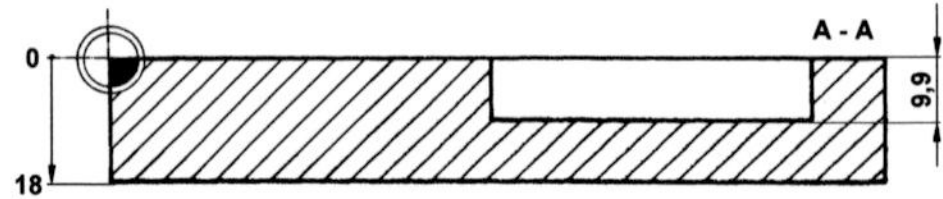

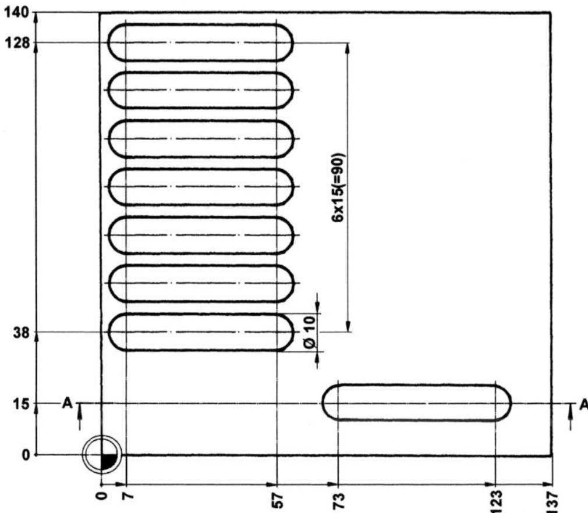

Ein Unterprogramm ist eigentlich nichts anderes als ein herkömmliches Teileprogramm (NC-Programm), das sich aus Fahr- und Schaltbefehlen zusammensetzt.

Die Anwendung von Unterprogrammen ist z. B. dann von Vorteil, wenn bestimmte Konturformen oft wiederholt werden müssen. Ein Unterprogramm (oder mehrere) kann, je nach Erfordernis, in jedes beliebige Hauptprogramm geladen werden.

Damit es möglich ist, Unterprogramme voneinander zu unterscheiden, bekommen diese einen Namen, der dann ja auch entsprechend, nach Aufruf im Hauptprogramm, zugeladen wird.

Soll ein Unterprogramm mehrfach wiederholt werden, kann im NC-Satz „Unterprogrammaufruf“ unter der Adresse *„P“* (Unterprogrammdurchlaufzahl) die gewünschte Anzahl der *„Programmwiederholungen“* gesetzt sein.

Im Unterschied zur Programmwiederholung ist die Programmierung von *„Programmteilwiederholungen“* innerhalb eines Hauptprogramms möglich. Dabei werden mittels *„Labels“* ein oder mehrere NC-Sätze, die wiederholt werden sollen, gekennzeichnet.

Die Anweisung *„M17“* kennzeichnet letztendlich das Ende eines Unterprogramms und wird folge dessen am Ende des Unterprogramms selbst gesetzt; was die Rückkehr in die aufrufende Programmebene (Hauptprogramm) bedeutet.

Wie sieht nun der fachpraktische Bewegungsablauf bei der Fertigung am vorgegebenen Werkstück mit Unterprogrammtechnik aus:

Zunächst einmal beginnen wir mit dem Hauptprogramm.

Es ist ein stirnfräsendes Werkzeug mit dem ∅ 10 mm zu wählen (T=„Langlochfräser D10“).

Dann fahren wir, wie schon so oft im NC-Programm fort (M06/G90 G64 .....).

Im nachfolgenden Satz positionieren wir unseren Fräser mit Eilgang auf die Position „Pos. 1“. Bedenken Sie hierbei die Koordinatenachse „Z“, die Drehzahl des Werkzeuges, die Drehrichtung und die Kühlflüssigkeit.

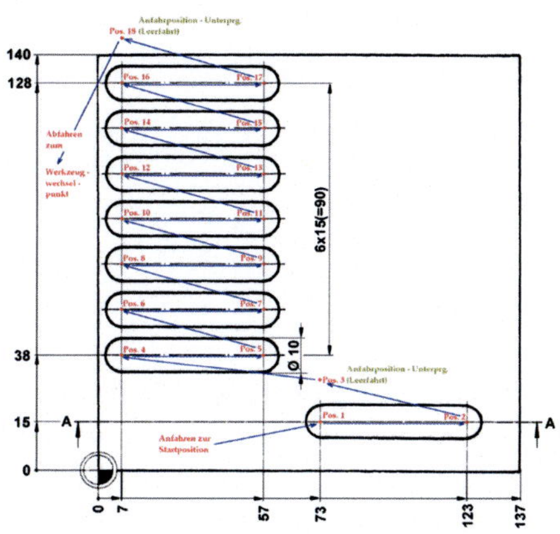

Jetzt sollten Sie in einem separaten Satz die Vorschub- geschwindigkeit (F) des Fräswerkzeuges eingeben.

! Rufen Sie das Unterprogramm mit Namen „LAENGSNUT“ im darauf folgenden Satz auf.

Gehen Sie einfach davon aus, dass Sie dieses schon geschrieben haben und die Fertigung,
sozusagen vor Ihrem inneren Auge, abläuft.

! Stellen Sie sich vor, dass das Unterprogramm jetzt aktiv ist.

Erinnern wir uns ☞ der Fräser befindet sich immer noch auf „Pos. 1“, über dem Material und jetzt soll das Unterprogramm, welches wir ja aufgerufen haben, etwas ausführen.

Das Unterprogramm beginnt mit *„N10 G01 Z-9,9“*; das Fräswerkzeug schneidet in den Werkstoff hinein. Erkennen Sie den Zusammenhang?

Das Vorspiel zum NC-Programm, T=„Langlochfräser D10“/M06 usw., steht ja im Hauptprogramm, muss also nicht noch einmal eingeschrieben werden, weil ja dieses Unterprogramm Bestandteil des Hauptprogramms sein soll.

Wir befinden uns also im Unterprogramm und das Werkzeug hat auf Z-9,9 mm gespant.

Im nächsten Satz spanen wir mit dem Unterprogramm die Länge der fertig zu stellenden Längsnut und es macht Sinn, wenn dieses „inkremental“ geschieht; *„G01 G91 X50“*. Die Vorschubgeschwindigkeit braucht an dieser Stelle nicht angegeben zu werden, weil diese Angabe ja schon in einem Satz zuvor im Hauptprogramm geschrieben wurde. Jetzt befindet sich das Fräswerkzeug auf der „Pos. 2“.

Als Nächstes fahren wir mit Eilgang und *„G90“* auf *„Z2“*. Die erste Nut ist gefräst und wir wollen nun die Positionierung in Bezug zu einer Weiteren vornehmen.

☝ *„G00 G91 X-50 Y15“* ⇨ Dieser NC-Satz ist zunächst abstrakter Natur; spiegelt er doch die Positionierung im Zusammenhang mit der veränderten Lage der folgenden Längsnuten wieder, sowie die Verfahrstruktur in diesem Modus selbst; „Pos. 3“ (Leerfahrt) ist erreicht.

Wir sollten uns aber sicher sein, dass das Zusammenspiel zwischen Haupt- und Unterprogramm uns die Erkenntnis hierzu vermittelt.

Im darauf kommenden Satz rufen wir *„G90“* auf.

Im letzten NC-Satz des Unterprogramms *„M17“*.

Wir befinden uns jetzt wieder im Hauptprogramm und fahren mit „Eilgang“ auf die Koordinate *„X7 Y38“* was „Pos. 4“ entspricht.

Jetzt rufen wir zum zweiten Mal das „Unterprogramm“ im „Hauptprogramm“ auf und weisen an, dass das Unterprogramm mehrmals, nämlich 7x (sieben Längsnuten in Reihe), durchlaufen soll.

Und der Ablauf beginnt zum zweiten Mal.

⇨ Einfräsen in das Material

⇨ die Nut auf Länge arbeiten (G91) „Pos. 5“

⇨ Ausfahren aus dem Material (G90)

⇨ zur nächsten Nut positionieren (G91) „Pos. 6“

 ☝ jetzt erkennen Sie sicherlich die zuvor abstrakte Verfahrweise ☝

⇨ G90

⇨ Unterprogramm-Ende (M17)

Und das Unterprogramm beginnt erneut!

Sie erkennen an diesem Beispiel im Besonderen die herausragende Bedeutung der „Inkrementalen Bemaßung“. Setzt dieses doch das Anfahren in Bezug auf wiederholende Koordinatenwerte in praktikable Maßstäbe.

Nunmehr, – nachdem die siebte Längsnut im Modus „Unterprogramm-Durchlaufzahl“, gefertigt ist, und insgesamt alle acht Nuten gespant sind, befinden wir uns wieder im Hauptprogramm. In diesem fahren wir jetzt den Fräser im Eilgang auf *„Z100“*, und vergessen Sie nicht *„M05“* als auch *„M09“* zu schreiben.

Folgend positionieren Sie auf „X-50 und ....“.

Beenden Sie das Programm.

Ich weis, was Sie jetzt denken!

>> Da blickt ja keiner dran lang! <<

Aber glauben Sie mir, das ändert sich, wenn Sie zunächst einmal versuchen, dass NC-Programm nach den Vorgaben zu schreiben.

Und selbstverständlich werden auch Sie Fehler machen. Versuchen Sie also „problemorientiert“ zu programmieren!

Folgend vergleichen Sie Ihr Programm mit dem Lösungsvorschlag.

Durchdenken Sie hierbei den kompletten Produktionsablauf; das ist sehr wichtig!

Und Sie werden feststellen, dass viele Worte gemacht worden sind um zwei kleine

NC-Programme mit der Zuordnung – „Haupt- und Unterprogramm“ zu beschreiben.

Hauptprogramm

3.2.21 Programmierübung 6

N10	
N20	
N30	
N40	
N50	
N60	
N70	
N80	
N90	
N100	
N110	

Unterprogramm

3.2.21 Programmierübung 6

N10	
N20	
N30	
N40	
N50	
N60	

Hauptprogramm

3.2.22 Programmierübung 6 – Lösung

N10	T=„Langlochfräser D10
N20	M06
N30	G90 G64 G54 G17 G40
N40	G00 X73 Y15 Z2 S4200 M03 M08
N50	F300
N60	LAENGSNUT

N70	G00 X7 Y38
N80	LAENGSNUT P7
N90	G00 Z100 M05 M09
N100	G00 X-50 Y-50
N110	M30

Unterprogramm

3.2.22 Programmierübung 6 – Lösung

N10	G01 Z-9,9
N20	G01 G91 X50
N30	G00 G90 Z2
N40	G00 G91 X-50 Y15
N50	G90
N60	M17

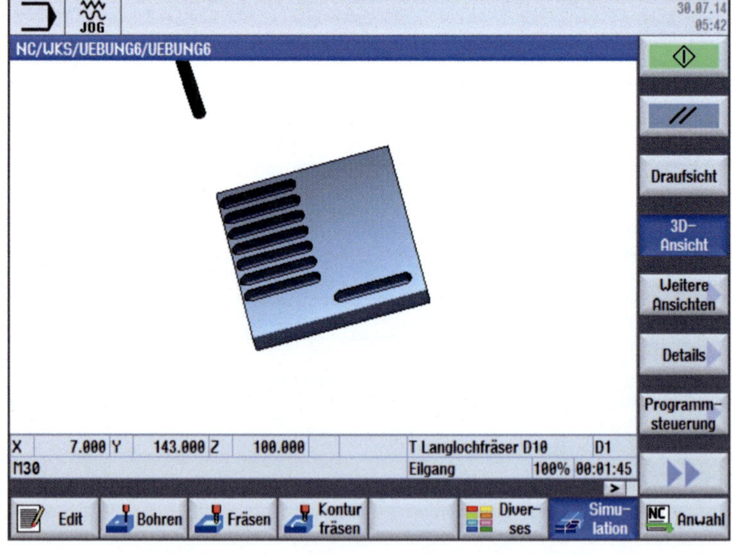

3.3 Anweisungen – Kurs ↬ CNC-Fräsen (Anwendungsorientiert)

N	Satznummer
T	Werkzeug (Tool)
D	Schneidenparameter
S	Drehzahl (Drehfrequenz)/(Spin)
F	Vorschubgeschwindigkeit (Feed)
P	Unterprogramm – Durchlaufzahl
CFTCP	Vorschub – Bezug – W. Mittelpkt. Bahn
CFIN	Konstanter Vorschub – Innenkrümmung
G00	Positionieren im Eilgang
G01	Geraden – Interpolation
G02	Kreisinterpolation, rechtsdrehend
G03	Kreisinterpolation, linksdrehend
G17	Ebenenauswahl X/Y-Ebene
G40	Werkzeugbahnkorrektur „Aus“
G41	Werkzeugbahnkorrektur „Links“
G42	Werkzeugbahnkorrektur „Rechts“
G54	Erste Nullpunktverschiebung
G60	Genau – Halt
G64	Verschleifung, kleine Verrundung
G90	Absolute Maßangaben
G91	Inkrementale Maßangaben
M03	Spindel im Uhrzeigersinn (Werkzeug)
M05	Spindel „Halt“
M06	Aufruf – Werkzeugwechsel
M08	Kühlmittel „Ein“
M09	Kühlmittel „Aus“
M17	Unterprogramm – Ende
M30	Programmende mit Rücksetzen
X, Y, Z	Koordinaten – Achsen
I	Interpolationsparameter (X-Achse)

J	Interpolationsparameter (Y-Achse)
CYCLE82	Bohrzyklus
CYCLE83	Tiefloch – Bohrzyklus
MCALL	Modaler Aufruf – „selbsthaltend“
POCKET3	Rechtecktaschen – Zyklus (Parametereingabe)
POCKET4	Kreistaschen – Zyklus (Parametereingabe)

3.4 Abschlusstest „CNC-Fräsen“

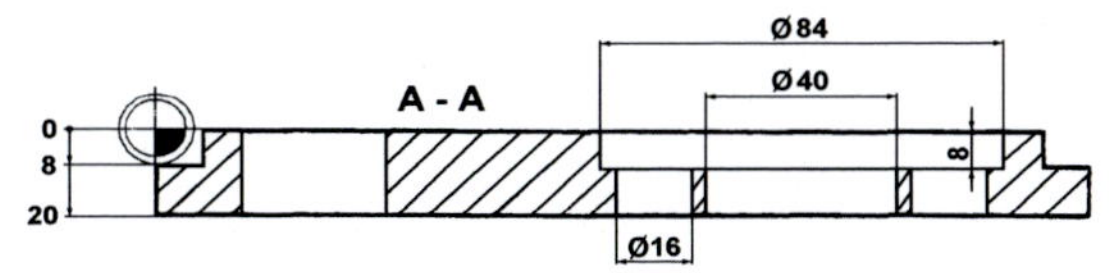

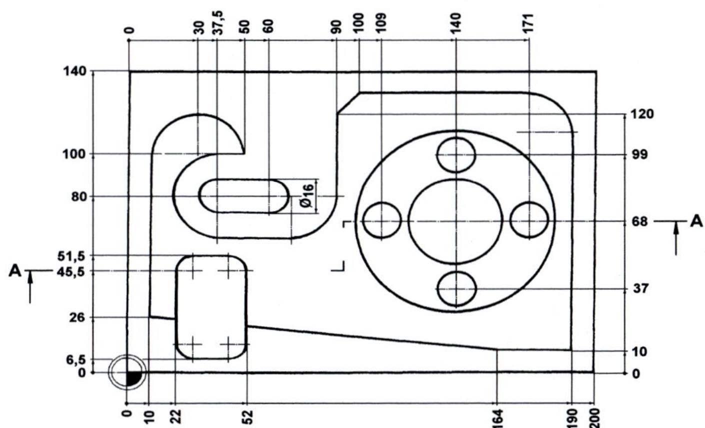

Werkzeugtabelle:

T=„Eckmesserkopf D25“ ∅ 25 mm S2500 F560

T=„Schaftfräser D16“ ∅ 16 mm S3000 F450

T=„Schaftfräser D12“ ∅ 12 mm S5000 F400

T=„Zentrierbohrer D16“ ∅ 16 mm S3000 F600

T=„Spiralbohrer D16“ ∅ 16 mm S1000 F300

Bitte „G60“ und „CYCLE82“ ⇨ anwenden (s. Prg. – Anleitung) **!**

N10	
N20	
N30	
N40	
N50	
N60	

N70	
N80	
N90	
N100	
N110	
N120	
N130	
N140	
N150	
N160	
N170	
N180	
N190	
N200	
N210	
N220	
N230	
N240	
N250	
N260	
N270	
N280	
N290	
N300	
N310	
N320	
N330	
N340	
N350	
N360	
N370	
N380	
N390	
N400	
N410	
N420	
N430	

N440	
N450	
N460	
N470	
N480	
N490	
N500	
N510	
N520	
N530	
N540	
N550	
N560	
N570	
N580	
N590	
N600	
N610	
N620	
N630	
N640	
N650	
N660	
N670	
N680	
N690	
N700	
N710	
N720	
N730	
N740	
N750	
N760	
N770	
N780	

N790	
N800	
N810	
N820	
N830	
N840	
N850	
N860	
N870	;Aufgabe: Programm – Ende

N10	T=„Eckmesserkopf D25“
N20	M06
N30	G90 G64 G54 G17 G40 G00 X-10 Y-20
N40	G00 Z2 S2500 M03 M08
N50	G00 Z-8
N60	G01 G41 X10 F560
N70	G01 X10 Y100
N80	G02 X50 Y100 I20 J0
N90	G01 X37,5 Y100
N100	G03 X37,5 Y60 I0 J-20
N110	G01 X70 Y60
N120	G03 X90 Y80 I0 J20
N130	G01 X90 Y120
N140	G01 X100 Y130
N150	G01 X171 Y130
N160	G02 X190 Y111 I0 J-19
N170	G01 X190 Y10
N180	G01 X164 Y10
N190	G01 X10 Y26
N200	G01 G40 Y8
N210	G00 Z2
N220	G00 X-13 Y140

N230	G00 Z-8
N240	G01 X60
N250	G01 X65 Y135
N260	G00 Z2 M05 M09
N270	G00 Z100
N280	T=„Schaftfräser D16“
N290	M06
N300	G90 G64 G54 G17 G40 G00 X37,5 Y80
N310	G00 Z2 S3000 M03 M08
N320	G01 Z-10 F450
N330	G01 X60 Y80
N340	G01 Z-21
N350	G01 X37,5 Y80
N360	G00 Z2
N370	POCKET4 (2, 0, 1, -8, 42, 140, 68, 8, 0.3, 0.2, 450, 800, 0, 21, 8, , , 3, 1)
N380	POCKET4 (2, 0, 1, -8, 42, 140, 68, 8, 0.3, 0.2, 450, 800, 0, 22, 8, , , 3, 1)
N390	POCKET4 (2, -8, 1, -21, 20, 140, 68, 13, 0.3, 0.2, 450, 800, 0, 21, 8, , , 3, 1)
N400	POCKET4 (2, -8, 1, -21, 20, 140, 68, 13, 0.3, 0.2, 450, 800, 0, 22, 8, , , 3, 1)
N410	G00 Z2 M05 M09
N420	G00 Z100
N430	T=„Schaftfräser D12“
N440	M06
N450	G90 G64 G54 G17 G40 G00 X22 Y6,5
N460	G00 Z2 S5000 M03 M08
N470	POCKET3 (2, 0, 1, -21, 30, 45, 6, 22, 6.5, 0, 8, 0.3, 0, 400, 800, 0, 21, 6, , , , 2, 1)
N480	POCKET3 (2, 0, 1, -21, 30, 45, 6, 22, 6.5, 0, 11, 0.3, 0, 400, 800, 0, 22, 6, , , , 2, 1)
N490	G00 Z2 M05 M09
N500	G00 Z100

N510	T=„Zentrierbohrer D16“
N520	M06
N530	G90 G60 G54 G17 G40 G00 X109 Y68
N540	G00 Z2 S3000 M03 M08
N550	F600
N560	MCALL CYCLE82 (2, -8, 1, -12, , 0)
N570	G00 X109 Y68
N580	G00 X140 Y99
N590	G00 X171 Y68
N600	G00 X140 Y37
N610	MCALL
N620	G00 Z2 M05 M09
N630	G00 Z100
N640	T=„Spiralbohrer D16“
N650	M06
N660	G90 G60 G54 G17 G40 G00 X109 Y68
N670	G00 Z2 S1000 M03 M08
N680	F300
N690	MCALL CYCLE82 (2, -8, 1, -25, , 0)
N700	G00 X109 Y68
N710	G00 X140 Y99
N720	G00 X171 Y68
N730	G00 X140 Y37
N740	MCALL
N750	G00 Z2 M05 M09
N760	G00 Z100
N770	G00 X300 Y200
N780	M30 ;Lösung: Programm – Ende

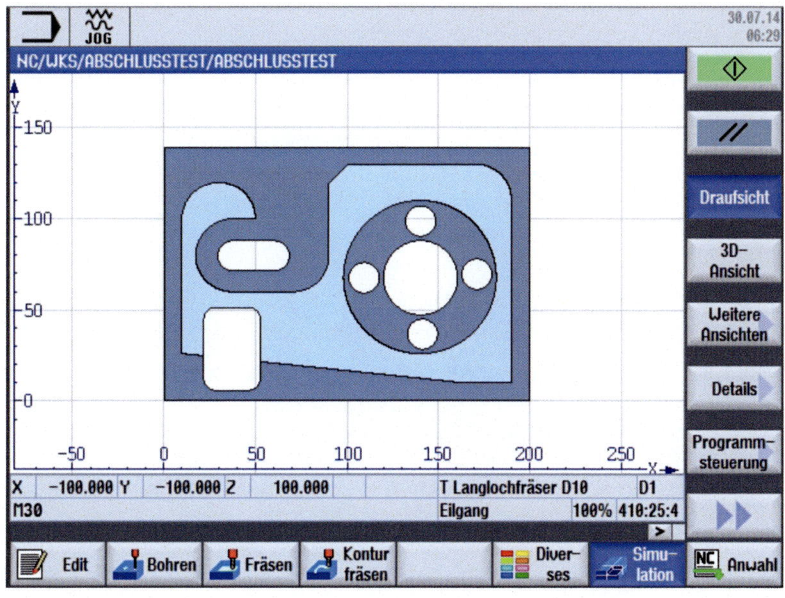
JOG
30.07.14
06:29
NC/WKS/ABSCHLUSSTEST/ABSCHLUSSTEST
Y
150
100
50
0
-50
0
50
100
150
200
250
X
Draufsicht
3D-Ansicht
Weitere Ansichten
Details
Programm-steuerung
X -100.000 Y -100.000 Z 100.000
T Langlochfräser D10 D1
M30
Eilgang 100% 410:25:4
Edit
Bohren
Fräsen
Kontur fräsen
Diver-ses
Simu-lation
Anwahl

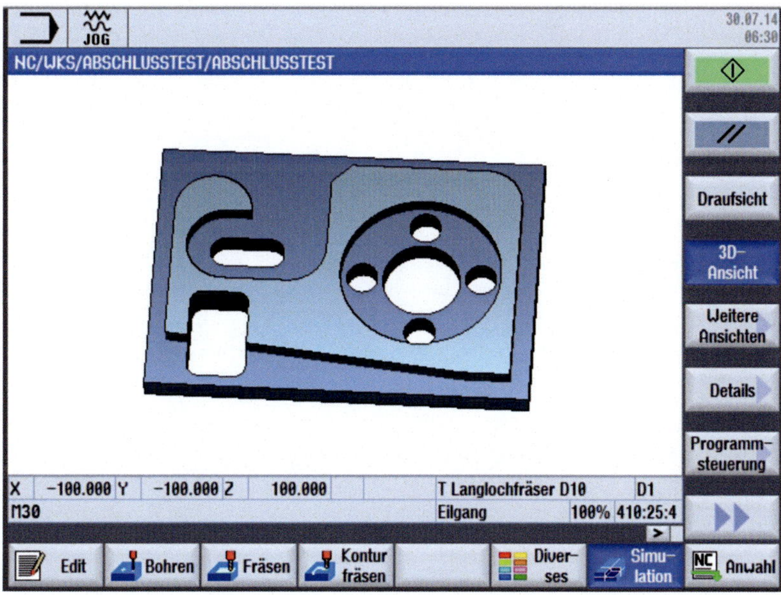
JOG
30.07.14
06:30
NC/WKS/ABSCHLUSSTEST/ABSCHLUSSTEST
Draufsicht
3D-Ansicht
Weitere Ansichten
Details
Programm-steuerung
X -100.000 Y -100.000 Z 100.000
T Langlochfräser D10 D1
M30
Eilgang 100% 410:25:4
Edit
Bohren
Fräsen
Kontur fräsen
Diver-ses
Simu-lation
Anwahl

4 CNC-Drehen

4.1 Programmieren nach DIN 66025 (entspricht ISO 6983)

4.1.1 Einfache

Konturprogrammierung ⇨

(Linearinterpolation/Geradeninterp.)

„theoretische Hinführung“.

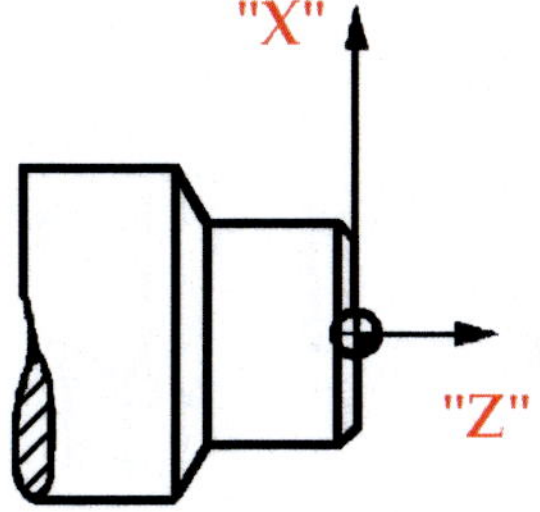

Grundsätzlich können wir vieles vom CNC-Fräsen auf CNC-Drehen übertragen.
Dennoch wird an so mancher Stelle ein Umdenken erforderlich sein.
So verhält es sich zum Beispiel mit den Koordinaten - Achsen.

Mit *„G18“* wählen wir im NC-Programm die „Ebenenauswahl *„ Z/X“*.

Eine weitere gedankliche Umstellung ist in Bezug zu den Koordinatenwerten selbst nötig. Soll sich das Werkzeug auf der „Z“ Achse Richtung Spannfutter (siehe Zeichnung) bewegen, so ist „Z“ über den Werkstücknullpunkt (WNP) hinaus in „-“ zu setzen; vergleichbar also mit dem Eintauchen in das Material beim Fräsen. Und fährt das Drehwerkzeug in „X“ über den *„WNP“* hinweg, so ist auch „X“ mit dem Vorzeichen „-“ zu versehen.

Und das wir uns nicht Täuschen ⇨ obwohl der „Werkstücknullpunkt“ auf der Materialachse positioniert ist, und man folge dessen wohl geneigt ist, die Radiusangabe zum Spanen als relevant anzunehmen, wird im NC-Programm grundsätzlich doch der Durchmesser programmiert! Der Programmierer muss also, und das ist gut so, nur die Zeichnungsangaben lesen und diese entsprechend auch eingeben.

Lange Rede – kurzer Sinn.

Da wir ja schon Erfahrungen mit dem CNC-Fräsen gemacht haben, sollten wir diese nutzen und mit dem CNC-Drehen verknüpfen.

Um Verfahrensfehler auszuschließen, macht es aber durchaus Sinn, zunächst einmal gemeinsam ein NC-Programm zu schreiben.

Bitte erzeugen Sie sich nun eine Drehmaschine und benutzen hierzu bitte die Vorlage: „Drehmaschine mit angetriebenem Werkzeug“ auch wenn wir kein angetriebenes Werkzeug benutzen werden

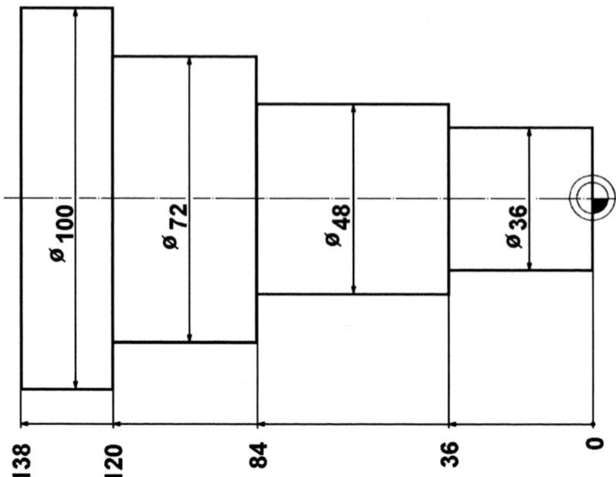

Das zu bearbeitende Material bekommen wir vorgefertigt aus dem Materiallager. Das heißt, dass der Materialdurchmesser bereits auf ∅ 100 mm vorhanden ist. Die Werkstofflänge ist annähernd auf 138 mm vorgespant.

Das Werkstück ist vermessen und der WNP entsprechend dem Fertigmaß der Länge nach positioniert.

Es sollen zwei Drehwerkzeuge zum Einsatz kommen. Zum einen ein „Schruppdrehstahl“ T=„Schruppdrehstahl R0.8“ – R0,8/ap=3 mm und zum zweiten ein „Schlichtdrehstahl“ – T=„Schruppdrehstahl R0.4“ – R0,4 mm. Richten Sie bitte die Software dementsprechend ein (siehe Programmieranleitung).

<u>NC-Programm (exemplarisch):</u>

N10 T=„Schruppdrehstahl R0.8“

N20 G96 S300 LIMS=3000 M04 M08

Der erste Satz ist Ihnen sicherlich so vertraut, dass darauf nicht noch einmal eingegangen werden muss.

Im zweiten Satz ≻G96≺ – Bedeutung: *„Konstante Schnittgeschwindigkeit.“* Das heißt, dass die Schnittgeschwindigkeit unabhängig vom Werkstückdurchmesser eingehalten wird.

≻LIMS=3000≺ – Bedeutung: *„Drehzahlbegrenzung.“* Um Gefahren durch zu hohe Fliehkräfte an der Werkzeugdrehmaschine zu vermeiden, sollte eine Drehzahlbegrenzung angegeben sein. Und ≻M04≺ – Bedeutung: *„Spindel im Gegenuhrzeigersinn.“* Stellt man sich vor, dass die Blickrichtung aus dem Spannfutter hinausgerichtet ist, so dreht sich dieses „links“ herum, also gegen den Uhrzeigersinn.

N30 G90 G64 G54 G18

In diesem Satz steht ≻G18≺ – Bedeutung: „Ebenenauswahl Z/X.“

N40 G00 X104 Z0,2

Das Drehwerkzeug fährt im Eilgang auf ∅ 104mm, also 2 mm über Mantelfläche des Materials und 0,2 mm vor Stirnfläche – Fertigmaß (0,2 mm Schlichtaufmaß).

N50 G01 X-1,6 F0,3

Das erste Spanen, auf vorläufige Länge Plandrehen, erfolgt bis 1,6 mm über WNP hinaus. Die Vorschubgeschwindigkeit „F“ beträgt 0,3mm/pro Umdrehung des Spannfutters.

N60 G00 Z2

Abrücken von der Materialoberfläche.

N70 G00 X94

Positionierung zum ersten Runddrehen (Längsdrehen) mit geplanter Spantiefe von 3mm, also auf ∅ 94 mm.

N80 G01 Z-119,8

Spanen der ersten Stufe auf Längenmaß 119,8 mm (Schlichtaufmaß 0,2 mm).

N90 G01 X100

Vorplandrehen der Stufenplanfläche auf Koordinate X100.

N100 G00 Z1

Zurückführen des Drehstahls auf Z1.

N110 G00 X88

Positionierung zum Runddrehen mit geplanter Spantiefe von 3 mm, also auf ∅ 88 mm.

N120 G01 Z-119,8
N130 G01 X94
N140 G00 Z1

N150 G00 X82

Positionierung zum Runddrehen mit geplanter Spantiefe von 3 mm, also auf ∅ 82 mm.

N160 G01 Z-119,8
N170 G01 X88
N180 G00 Z1
N190 G00 X76

Positionierung zum Runddrehen mit geplanter Spantiefe von 3mm, also auf ∅ 76 mm.

N200 G01 Z-119,8
N210 G01 X82
N220 G00 Z1

N230 G00 X73

Positionierung zum Runddrehen mit geplanter Spantiefe von 1,5 mm, also auf ∅ 73 mm (Schlichtaufmaß 0,5 mm).

N240 G01 Z-119,8
N250 G01 X76
N260 G00 Z1

Die erste Stufe ist somit vorgearbeitet und mit einem Schlichtaufmaß in der „X“-Fläche von 0,5 mm versehen.

Das Schlichtaufmaß in der „Z“-Fläche beträgt 0,2 mm.

! Ihre Aufgabe besteht nun darin, die folgenden zwei Stufen selbstständig zu erarbeiten. Verfahren Sie einfach nach dem abgehandelten Schema. Und vergessen Sie die Einplanung des Schlichtaufmaßes nicht.

Arbeiten Sie sich soweit vor, sodass Sie die fertig zu stellende Kontur bis auf das Schlichtaufmaß erstellt haben.

Nach diesen restlichen Schrupparbeiten werden wir dort ansetzen und gemeinsam die Restarbeit mit dem Schlichtdrehstahl erarbeiten.

```
N500 G00 X104 Z1
```

```
N510 G00 G53 X160 Z500 M09 T0 D0
```

➢G53≺ – Bedeutung: „Aufhebung aller Nullpunkt-Verschiebungen.“ Das heißt, dass ein fester Punkt im Arbeitsraum der Werkzeugmaschine zum Werkzeugwechsel eingerichtet ist. Die Anweisung „G53“ stellt nicht unbedingt ein „Muss“ im Programmablauf dar, bietet aber für die Praxis vor Ort die Sicherheit des Ausschlusses, dass der Softwareendschalter/Endschalter im Maschinenraum (Arbeitsraumbegrenzung) angefahren wird.

➢T0 D0≺ – Bedeutung: „Abwahl der Werkzeug-Korrekturwerte.“ – (Siehe Programmieranleitung).

```
N520 T=„Schlichtdrehstahl R0.4“
N530 G96 S300 LIMS=3000 M04 M08
N540 G90 G64 G54 G18
N550 G00 X-0,8 Z2
```

Das Drehwerkzeug fährt im Eilgang auf 0,8 mm über Werkstückmittelachse hinaus und positioniert gleichzeitig in 2 mm Sicherheitsabstand vor dem Werkstücknullpunkt.

```
N560 G01 Z0 F0,1
```

Die Spanung auf Fertigmaß – Werkstücklänge 138 mm erfolgt mit einer Vorschubgeschwindigkeit von 0,1 mm/pro Umdrehung des Futters.

```
N570 G01 X36
N580 G01 Z-36
N590 G01 X48
N600 G01 Z-84
N610 G01 X72
N620 G01 Z-120
N630 G01 X100
```

```
N640 G00 G53 X160 Z500 M09 T0 D0
N650 M30
```

Unser kleines Stufenwellen-Programm ist fertig gestellt.

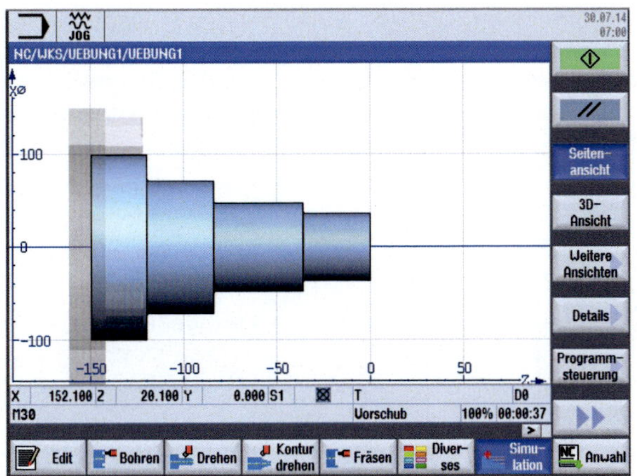

Zweck dieses Programmbeispiels war nicht, dass Sie viel Schreibarbeit leisten sollten, aber in Bezug zum Verständnis der veränderten – technischen Vorgaben, das heißt, der Übergang vom Fräsen zum Drehen, gab sich diese Aufgabe durchaus Sinn.

Schon mit der nächsten Aufgabenstellung werden Sie mit diversen Funktionen zur Arbeitserleichterung konfrontiert.

4.1.2 Programmierübung 1 (Zirkularinterpolation)

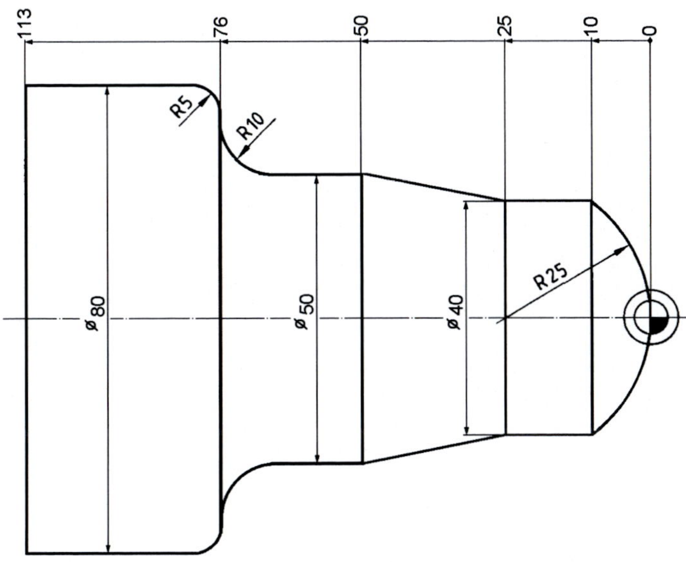

Die Zirkularinterpolation beim „Drehen“ ähnelt der des Fräsens insofern, das diese mit „G02“ oder „G03“, den Radiusendpunkten und Interpolationsparametern gleichsteht. Da wir aber beim Drehen grundsätzlich nur zwei Koordinatenachsen vorfinden, nämlich die „X“ -und „Z“ Achse, muss sich in der Interpolationsangabe zwangsläufig eine kleine Veränderung ergeben.

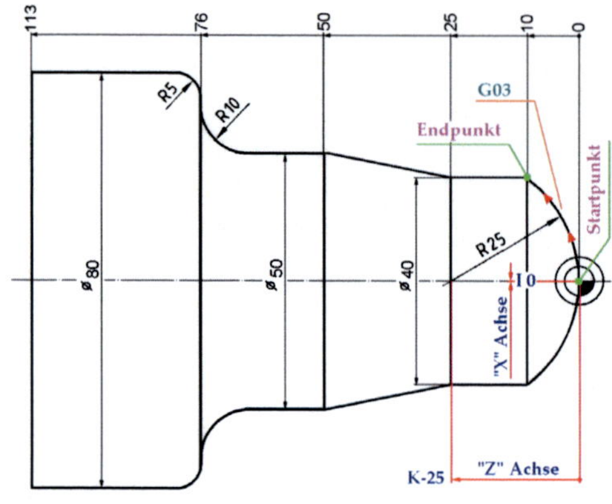

Ohne näher auf „G02“/„G03“ einzugehen, ersehen Sie anhand der nachstehenden Grafik, wie die veränderte Konstellation sich auswirkt.

Des weiteren ist mit diesem Übungswerkstück die Abspanung im Zyklus **„CYCLE95“** auszuführen.

Mit „CYCLE95“ können Sie eine im Konturunterprogramm definierte Kontur ohne größeren Aufwand erstellen. Hierbei kann zunächst bis zum programmierten Schlichtaufmaß geschruppt werden, um dann folgend in Verbindung mit einem Werkzeugwechsel die Schlichtarbeit durchzuführen.

Der G95-Zyklus wird nicht als Softkey mit Eingabeformular angeboten und muss als Text von Hand eingegeben werden!

Programmierung nach „CYCLE95“:

(Siehe Programmieranleitung)

CON	Name der Kontur, bzw. ANFANG, ENDE	
Bearbeitung	Schruppen, Schlichten	
F	Vorschub	
FR	Eintauchvorschub, Hinterschnitte	Bearbeitungsrichtung, Lage
D	Maximale Tiefenzustellung	
U	Aufmaß konturparallel	
UX	Aufmaß in X	
UZ	Aufmaß in Z	
DI	Schnittunterbrechung	
VRT	Abhebeweg von der Kontur	

„CON“ bedarf noch einer zusätzlicher Erläuterung:

Mit diesem Parameter geben Sie, wie schon aufgeführt, den Namen des Konturunterprogramms ein. Wichtig ist zu verstehen, dass die abzuspanende Kontur, *die ja eigentlich im Hauptprogramm definiert ist*, mit Label „ANFANG bis zum Satz mit Label „ENDE“ geschrieben steht (ANFANG: ENDE:)

Zuvor ist der Zyklus selbst aufgeführt ⇨

N… CYCLE95 („ANFANG : ENDE“ , ………)

Hauptprogramm

Zu 4.1.2 *Programmierübung 1*.

Hinweise mit „ ; “ aufgeführt!

N10	T=„Schruppdrehstahl R0.8“; Schruppwerkzeug R0.8 mm ap=3 mm
N20	
N30	
N40	G00 X117 Z0.2
N50	G01 X-1.6 F0.3
N60	
N70	
N80	CYCLE95 („ANFANG : ENDE“ , 3, 0.2, 0.5, 0, 0.3, 0.3, 0.1, 1, 0, 0, 1)
N90	
N100	T=„Schlichtdrehstahl R0.4“; Schlichtwerkzeug R0.4 mm
N110	
N120	
N130	
N140	CYCLE95 („ANFANG:ENDE“ ,
N150	
N160	

„Konturzug" ⇨ im Hauptprogramm (Konturunterprogramm)

4.1.2 *Programmierübung 1.*

N170	ANFANG:
N180	G01 X0 Z0
N190	
N200	
N210	
N220	
N230	
N240	
N250	G01 Z-82
N260	ENDE:

Hauptprogramm

4.1.3 Programmierübung 1 – Lösung

Hinweise mit „ ; " aufgeführt!

N10	T=„Schruppdrehstahl R0.8"; Schruppwerkzeug R0.8mm ap=3mm
N20	G96 S300 LIMS=3000 M04 M08
N30	G90 G64 G54 G18
N40	G00 X117 Z0.2
N50	G01 X-1.6 F0.3
N60	G00 Z2
N70	G00 X117
N80	CYCLE95 („ANFANG : ENDE" , 3, 0.2, 0.5, 0, 0.3, 0.3, 0.1, 1, 0, 0, 1)
N90	G00 G53 X160 Z500 M09 T0 D0
N100	T=„Schlichtdrehstahl R0.4"; Schlichtwerkzeug R0.4mm
N110	D96 S300 LIMS=3000 M04 M08
N120	G90 G64 G54 G18
N130	G00 X117 Z2
N140	CYCLE95 („ANFANG:ENDE" , 3, 0.2, 0.5, 0, 0.3, 0.1, 0.1, 5, 0, 0, 1)
N150	G00 G53 X160 Z500 M05 M09 T0 D0
N160	M30

„Konturzug“ ⇨ im Hauptprogramm (Konturunterprogramm)

4.1.3 *Programmierübung 1 – Lösung.*

N170	ANFANG:
N180	G01 X0 Z0
N190	G03 X40 Z-10 I0 K-25
N200	G01 Z-25
N210	G01 X50 Z-50
N220	G01 Z-66
N230	G02 X70 Z-76 I10 K0
N240	G03 X80 Z-81 I0 K-5
N250	G01 Z-82
N260	ENDE:

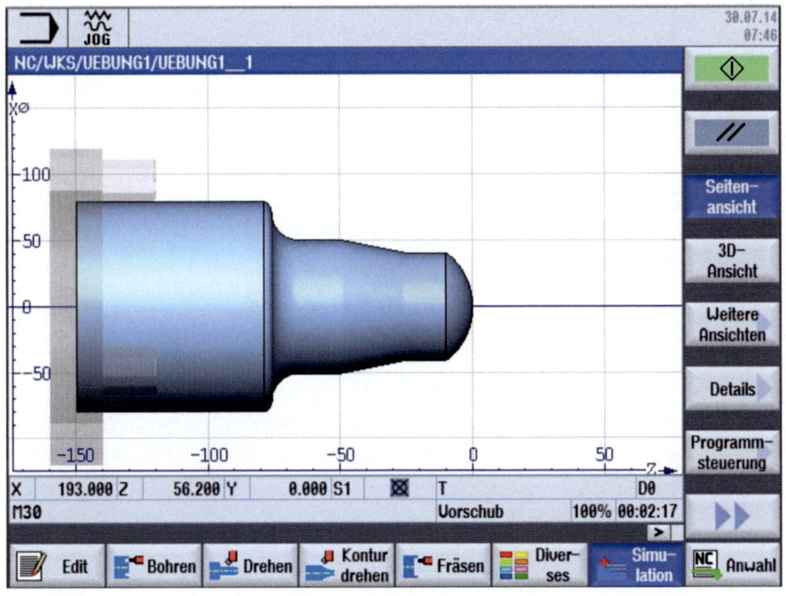

4.1.4 Gewindedrehen

Mit dem Zyklus „Gewindedrehen“ (Gewindeschneiden) können zylindrische, aber auch keglige Außen- und Innengewinde gefertigt werden. Selbst mehrgängige Gewinde können durch „Einzelschnitt“ erarbeitet werden.

Die Ausgangsposition zur Erstellung von Gewinde ist beliebig und mit dem Zyklus erfolgen das Anfahren, die Zustellungen und sonstig relevante Bewegungsabläufe.

Programmierung nach **„CYCLE99“**:

(Siehe Programmieranleitung)

Parameter G-Code Programm (Gewinde Längs)	
PL	Bearbeitungsebene
Parameter	**Beschreibung**
Tabelle	Auswahl der Gewindetabelle: • ohne • ISO metrisch • Whitworth BSW • Whitworth BSP • UNC
Auswahl – (nicht bei Tabelle „ohne“)	Angabe Tabellenwert, z. B. M10, M12, M14, ...
P	Auswahl der Gewindesteigung/-gänge bei Tabelle „ohne“ bzw. Angabe der Gewindesteigung/-gänge entsprechend der Auswahl der Gewindetabelle: • Gewindesteigung in mm/Umdrehung • Gewindesteigung in Inch/Umdrehung • Gewindegänge pro Zoll • Gewindesteigung in MODUL
G	Änderung der Gewindesteigung pro Umdrehung – (nur bei P = mm/U oder in/U) G = 0: Die Gewindesteigung P ändert sich nicht. G > 0: Die Gewindesteigung P vergrößert sich pro Umdrehung um den Wert G. G < 0: Die Gewindesteigung P verkleinert sich pro Umdrehung um den Wert G. Sind die Anfangs- und Endsteigung des Gewindes bekannt, kann die zu programmierende Steigungsänderung wie folgt berechnet werden: $G = \frac{\lvert P_e^2 - P^2 \rvert}{2 \cdot Z_1} \, [\text{mm/U2}]$

Parameter	Beschreibung
G	Dabei bedeuten: P_e: Endsteigung des Gewindes [mm/U] P: Anfangssteigung des Gewindes [mm/U] Z_1: Gewindelänge [mm] Eine größere Steigung bewirkt einen größeren Abstand zwischen den Gewindegängen auf dem Werkstück.
Bearbeitung	• ∇ (Schruppen) • ∇∇∇ (Schlichten) • ∇ + ∇∇∇ (Schruppen und Schlichten)
Zustellung (nur bei ∇ und ∇ + ∇∇∇)	• Linear: Zustellung mit konstanter Schnitttiefe • Degressiv: Zustellung mit konstantem Spanquerschnitt
Gewinde	• Innengewinde • Außengewinde
X0	Bezugspunkt X aus Gewindetabelle ∅ (abs)
Z0	Bezugspunkt Z (abs)
Z1	Endpunkt des Gewindes (abs) oder Gewindelänge (ink) Inkrementalmaß: Das Vorzeichen wird mit ausgewertet.
LW oder LW2 oder LW2 = LR	Gewindevorlauf (ink) Gewinde-Startpunkt ist der um den Gewindevorlauf W vorverlegte Bezugspunkt (X0, Z0). Den Gewindevorlauf können Sie nutzen, wenn Sie die einzelnen Schnitte etwas früher beginnen möchten, um auch den Gewindeanfang exakt zu fertigen. Gewindeeinlauf (ink) Den Gewindeeinlauf können Sie nutzen, wenn Sie nicht seitlich an das zu fertigende Gewinde heranfahren können, sondern ins Material eintauchen müssen (Beispiel Schmiernut auf einer Welle). Gewindeeinlauf = Gewindeauslauf (ink)
LR	Gewindeauslauf (ink) Den Gewindeauslauf können Sie nutzen, wenn Sie am Gewindeende schräg herausfahren wollen (Beispiel Schmiernut auf einer Welle).
H1	Gewindetiefe aus Gewindetabelle (ink)
DP oder αP	Zustellschräge als Flanke (ink) – (alternativ zu Zustellschräge als Winkel) DP > 0: Zustellung entlang der hinteren Flanke DP < 0: Zustellung entlang der vorderen Flanke

Parameter	Beschreibung	
	Zustellschräge als Winkel – (alternativ zu Zustellschräge als Flanke) $\alpha > 0$: Zustellung entlang der hinteren Flanke $\alpha < 0$: Zustellung entlang der vorderen Flanke $\alpha = 0$: rechtwinklig zur Schnittrichtung zustellen Soll entlang der Flanken zugestellt werden, darf der Absolutwert dieses Parameters maximal den halben Flankenwinkel des Werkzeuges betragen.	
	Zustellung entlang der Flanke Zustellung mit wechselnder Flanke (alternativ) Anstatt entlang einer Flanke können Sie auch mit wechselnder Flanke zustellen, um nicht immer dieselbe Werkzeugschneide zu belasten. Dadurch können Sie die Standzeit des Werkzeugs erhöhen. $\alpha > 0$: Start an der hinteren Flanke $\alpha < 0$: Start an der vorderen Flanke	
D1 oder ND (nur bei ∇ und ∇ + ∇∇∇)	Erste Zustelltiefe oder Anzahl der Schruppschnitte Beim Umschalten zwischen der Anzahl der Schruppschnitte und der ersten Zustellung wird jeweils der zugehörige Wert angezeigt.	
U	Schlichtaufmaß in X und Z – (nur bei ∇ und ∇ + ∇∇∇)	
NN	Anzahl Leerschnitte - (nur bei ∇∇∇ und ∇ + ∇∇∇)	
VR	Rücklaufabstand (ink)	
Mehrgängig	Nein	
	$\alpha 0$	Startwinkelversatz
	Ja	
	N	Anzahl Gewindegänge Die Gewindegänge werden gleichmäßig auf den Umfang des Drehteils verteilt, wobei der 1. Gewindegang immer bei 0° platziert wird.
	DA	Gangwechseltiefe (ink) Erst alle Gewindegänge nacheinander bis zur Gangwechseltiefe DA bearbeiten, dann alle Gewindegänge nacheinander bis zur Tiefe 2 · DA bearbeiten usw. bis die Endtiefe erreicht ist. DA = 0: Gangwechseltiefe wird nicht berücksichtigt, d.h. jeden Gang fertig bearbeiten, bevor nächster Gang bearbeitet wird.
	Bearbeitung:	• Komplett oder • ab Gang N1 N1 (1...4) Startgang N1 = 1...N oder • nur Gang NX NX (1...4) 1 aus N Gängen

Mit diesem NC-Programm kommt der „Programmierte Halt“ ⇨ *„M00“* hinzu, was ja die Voraussetzung zum Umspannen des Werkstückes ist.

Ebenfalls ist von Bedeutung, dass mit dem Einsatz des Gewindeschneidwerkzeuges die Änderung der Spindeldrehrichtung angewiesen wird ⇨ *„M03“*. Auch ist es hierzu sinnvoll, eine konstante Drehzahl beizubehalten ⇨ *„G97“*. Die Angabe „Drehzahlbegrenzung – LIMS“, ist also nicht erforderlich.

Zu guter Letzt noch der Hinweis, dass nach Umspannen des Werkstückes eine weitere Nullpunktverschiebung mit *„G55“* gesetzt werden sollte, die dann bis zur Fertigstellung des Arbeitsauftrages Gültigkeit behält.

4.1.5 Programmierübung 2

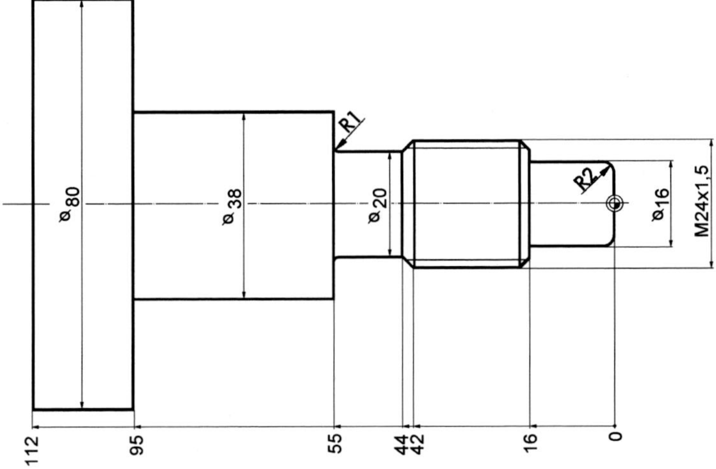

Hauptprogramm

Hinweise mit „ ; “ aufgeführt!

N10	T=„Schruppdrehstahl R0.8“; Schruppwerkzeug R0.8 mm ap=3 mm
N20	
N30	G90 G64 G54 G18
N40	
N50	
N60	
N70	
N80	T=„Schlichtdrehstahl R0.4“; Schlichtwerkzeug R0.4mm
N90	
N100	
N110	
N120	
N130	
N140	
N150	
N160	G00 G53 X160 Z500 M05 M09 T0 D0
N170	M00 ; Teil Umspannen
N180	T=„Schruppdrehstahl R0.8“; Schruppwerkzeug R0.8 mm ap=3 mm 55° wegen Hinterschnitt
N190	G96 S300 LIMS=3000 M04 M08
N200	G90 G64 G55 G18
N210	G00 X84 Z0.2
N220	
N230	
N240	G00 X84
N250	CYCLE95 („ANFANG : ENDE“ ,)
N260	
N270	T=„Schlichtdrehstahl R0.4“; Schlichtwerkzeug R0.4 mm
N280	

N290	G90 G64 G55 G18
N300	CYCLE95 („ANFANG : ENDE“ ,)
N310	
N320	T=„Gewindedrehstahl Steigung 1.5“; Gewindewerkzeug
N330	G97 S800 M03 M08
N340	
N350	CYCLE99
N360	
N370	G00 G53 X160 Z500 M05 M09 T0 D0
N380	

„Konturzug“ ⇨ im Hauptprogramm (Konturunterprogramm)

N390	ANFANG:
N400	
N410	
N430	
N440	
N450	
N460	
N470	
N480	
N490	
N500	
N510	
N520	
N530	ENDE:

4.1.6 Programmierübung 2 – Lösung

Hauptprogramm

Hinweise mit „ ; “ aufgeführt!

N10	T=„Schruppdrehstahl R0.8“; Schruppwerkzeug R0.8 mm ap=3 mm
N20	G96 S300 LIMS=3000 M04 M08
N30	G90 G64 G54 G18
N40	G00 X84 Z0.2
N50	G01 X-1.6 F0.3
N60	G00 Z2
N70	G00 G53 X160 Z500 M09 T0 D0
N80	T=„Schlichtdrehstahl R0.4“; Schlichtwerkzeug R0.4 mm
N90	G96 S300 LIMS=3000 M04 M08
N100	G90 G64 G54 G18
N110	G00 X-0.8 Z2
N120	G01 Z0
N130	G01 X80
N140	G01 Z-25
N150	G01 X82
N160	G00 G53 X160 Z500 M05 M09 T0 D0
N170	M00 ; Teil Umspannen
N180	T=„Schruppdrehstahl R0.8“; Schruppwerkzeug R0.8 mm ap=3 mm 55° wegen Hinterschnitt
N190	G96 S300 LIMS=3000 M04 M08
N200	G90 G64 G55 G18
N210	G00 X84 Z0.2
N220	G01 X-1.6 F0.3
N230	G00 Z2
N240	G00 X84
N250	CYCLE95 („ANFANG : ENDE“ , 3, 0.2, 0.5, 0, 0.3, 0.3, 0.1, 1, 0, 0, 1)
N260	G00 G53 X160 Z500 M05 M09 T0 D0
N270	T=„Schlichtdrehstahl R0.4“; Schlichtwerkzeug R0.4 mm
N280	G96 S300 LIMS=3000 M04 M08

N290	G90 G64 G55 G18
N300	CYCLE95 („ANFANG : ENDE“ , 3, 0.2, 0.5, 0, 0.3, 0.3, 0.1, 5, 0, 0, 1)
N310	G00 G53 X160 Z500 M05 M09 T0 D0
N320	T=„Gewindedrehstahl Steigung 1.5“; Gewindewerkzeug
N330	G97 S800 M03 M08
N340	G90 G64 G55 G18
N350	CYCLE99 (1.5, , -16, -44, 24, 24, 3, 3, 0, 0, 30, 0, 8, 2, 3, 1, 1)
N360	G00 X80
N370	G00 G53 X160 Z500 M05 M09 T0 D0
N380	M30

4.1.6 Programmierübung 2 – Lösung

„Konturzug“ ⇨ im Hauptprogramm (Konturunterprogramm)

N390	ANFANG:
N400	G01 X0 Z0
N410	G03 X16 Z-2 I0 K-2
N430	G01 Z-16
N440	G01 X20
N450	G01 X24 Z-18
N460	G01 Z-42
N470	G01 X20 Z-44
N480	G01 Z-54
N490	G02 X22 Z-55 I1 K0
N500	G01 X38
N510	G01 Z-95
N520	G01 X80
N530	ENDE:

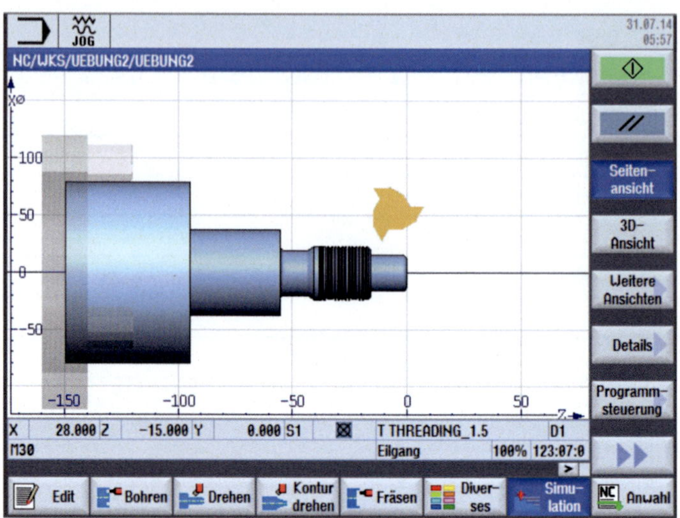

4.1.7 Programmierübung 3 (Unterprogramm)

Grundsätzlich besteht kein Unterschied zwischen einem Hauptprogramm und einem Unterprogramm denn beide setzen sich aus „Fahr- und Schaltbefehlen" zusammen.

Unterprogramme finden oft ihre Verwendung, wenn deren Inhalt „Arbeitsabläufe- oder Arbeitsabschnitte" beinhalten, die zum Beispiel, mehrmals abgearbeitet werden sollen. Selbstverständlich können Unterprogramme ebenso in jedem beliebigen Hauptprogramm aufgerufen werden. So kann es durchaus vorkommen, dass ein Unterprogramm vielseitige Anwendung findet.

Nach Abarbeitung der entsprechenden Aufgabe wird das Unterprogramm mit *„M17"* – Programmende, beendet. Mit dieser Anweisung wird die Rückkehr in die aufrufende Programmebene (z. B. Hauptprogramm) durchgeführt.

Soll ein Unterprogramm mehrfach hintereinander wiederholt werden, so ist direkt im NC-Satz mit dem Unterprogrammaufruf unter der Adresse „P", die gewünschte Anzahl der Unterprogrammwiederholungen zu setzen.

Werkzeugliste zur Programmierübung:

T=„Schruppdrehstahl R0.8" Schruppdrehwerkzeug, Schneidenlage 3

T=„Schlichtdrehstahl R0.4" Schlichtdrehwerkzeug, Schneidenlage 3

T=„Stechstahl Breite 5" Einstechwerkzeug, 5 mm

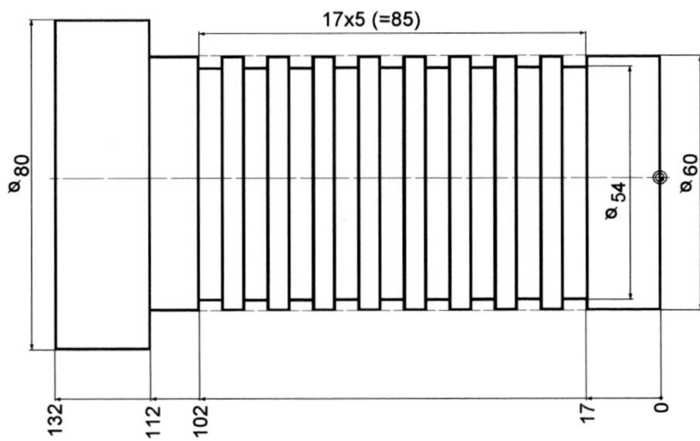

Hauptprogramm

Hinweise mit „ ; “ aufgeführt!

N10	T=„Schruppdrehstahl R0.8“; Schruppwerkzeug R0.8 mm ap=3 mm
N20	
N30	
N40	G00 X84 Z0,2
N50	
N60	
N70	
N80	CYCLE95 („ANFANG : ENDE“ ,)
N90	
N100	T=„Schlichtdrehstahl R0.4“; Schlichtwerkzeug R0.4 mm
N110	
N120	
N130	G00 X84 Z2
N140	CYCLE95 („ANFANG : ENDE“ ,)
N150	
N160	T=„Stechstahl Breite 5“; Einstechwerkzeug 5 mm

N170	
N180	
N190	G00 X84 Z-22
N200	EINSTICH_5 P9
N210	
N220	
N230	M30

„Konturzug" ⇨ im Hauptprogramm (Konturunterprogramm)

N240	ANFANG:
N250	
N260	
N270	
N280	
N290	ENDE:

Unterprogramm „EINSTICH_5"

N10	G01 G90 X......
N20	G00 X......
N30	G00 G9.... Z......
N40	G90
N50	M17

4.1.8 Programmierübung 3 – Lösung

Hauptprogramm

Hinweise mit „ ; " aufgeführt!

N10	T=„Schruppdrehstahl R0.8"; Schruppwerkzeug R0.8 mm ap=3 mm
N20	G96 S300 LIMS=3000 M04 M08
N30	G90 G64 G54 G18
N40	G00 X84 Z0,2
N50	G01 X-1,6 F0,3
N60	G00 Z2
N70	G00 X84
N80	CYCLE95 („ANFANG : ENDE" , 3, 0.2, 0.5, 0, 0.3, 0.3, 0.1, 1, 0, 0, 1)
N90	G00 G53 X160 Z500 M05 M09 T0 D0
N100	T=„Schlichtdrehstahl R0.4"; Schlichtwerkzeug R0.4 mm
N110	G96 S300 LIMS=3000 M04 M08
N120	G90 G64 G54 G18
N130	G00 X84 Z2
N140	CYCLE95 („ANFANG : ENDE" , 3, 0.2, 0.5, 0, 0.3, 0.3, 0.1, 5, 0, 0, 1)
N150	G00 G53 X160 Z500 M05 M09 T0 D0
N160	T=„Stechstahl Breite 5"; Einstechwerkzeug 5 mm
N170	G96 S300 LIMS=3000 M04 M08
N180	G90 G64 G54 G18
N190	G00 X84 Z-22
N200	EINSTICH_5 P9
N210	G00 X84 Z2
N220	G00 G53 X160 Z500 M05 M09 T0 D0
N230	M30

„Konturzug“ ⇨ im Hauptprogramm (Konturunterprogramm)

N240	ANFANG:
N250	G01 X0 Z0
N260	G01 X60 Z0
N270	G01 X60 Z-112
N280	G01 X80 Z-112
N290	ENDE:

Unterprogramm „EINSTICH_5“

N10	G01 G90 X54
N20	G00 X62
N30	G00 G91 Z-10
N40	G90
N50	M17

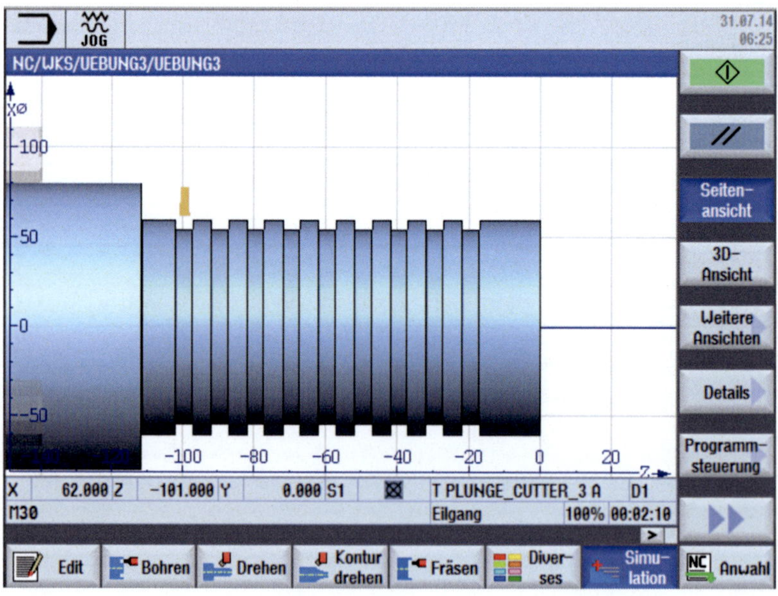

4.1.9 Programmierübung 4 (Bohren/Innendrehen)

Dieses letzte Übungsbeispiel zeichnet sich eher dadurch aus, dass es umfangreicher ist als die zuvor Geschriebenen. Hinzu kommen diverse Feinheiten, die den programmtechnischen Zusammenhang verfeinern.

Das NC-Programm beginnt mit dem Einsatz eines Vollbohrers ∅ 16mm, um dann folgend die „Innenkontur" zu fertigen.

Nach Fertigstellung dieser Kontur wird das Material umgespannt, um dann den Zapfen zu spanen.

Mit dem Bohren ist es erforderlich, dass die Auswahl der Bearbeitungsebene vorübergehend auf *„G17"* gestellt ist, denn die *Zustellachse* ist mit diesem Bearbeitungsgang in *„Z"* zu sehen.

Ebenso sollte mit *„G60"* der *genaue Halt*, bezogen auf die Startposition zum Bohren, programmiert werden. Mit dieser Anweisung schließen wir Irritationen bezüglich auf Angabe im Koordinatensystem (z. B. Vollbohrer/zu bearbeitendes Material) aus.

Letztendlich ist es sinnvoll, dass mit „G94" die Vorschubgeschwindigkeit in mm/min zum Bohren angewiesen wird. Die konstante Spindeldrehzahl ist mit dieser Anweisung ebenfalls aufgerufen.

Umfangreicher gestaltet sich auch die Anwendung mit „CYCLE95".
Diesbezüglich müssen nämlich drei Konturunterprogramme im Hauptprogramm hinterlegt sein.

Diese unterscheiden sich in ⇨
ANFANG_1/ENDE_1 – Kontur vom Zapfen
ANFANG_2/ENDE_2 – Innenkontur für Schruppen
ANFANG_3/ENDE_3 – Innenkontur für Schlichten

Werkzeugliste zur Programmierübung:

T=„Vollbohrer D16"	Vollbohrer ∅ 16mm, konstante Spindeldrehzahl S800 und Vorschubgeschwindigkeit in mm/min
T=„Innendrehstahl"	Innendrehwerkzeug, Schneidenlage 2 Vc=const. S300 m/min
T=„Schruppdrehstahl R0.8"	Schruppdrehwerkzeug, Schneidenlage 3 Vc=const. S300 m/min
T=„Schlichtdrehstahl R0.4"	Schlichtdrehwerkzeug, Schneidenlage 3 Vc=const. S300 m/min

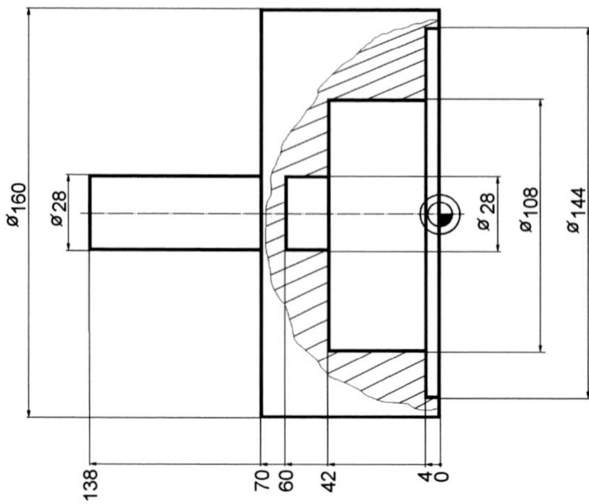

Hauptprogramm

Hinweise mit „ ; “ aufgeführt!

N10	T=„Vollbohrer D16“; Vollbohrer ∅ 16 mm
N20	G94 S800 M03 M08
N30	G90 G60 G54 G17
N40	
N50	G01 Z-59,8 F200
N60	
N70	G00 G18 G53 X180 Z500 M05 M09 T0 D0
N80	T=„Innendrehstahl“; Innendrehwerkzeug Schrupp+Schlicht R0.4 mm ap=1.5 mm
N90	
N100	
N110	G00 X16 Z2
N120	CYCLE95 („ANFANG _2: ENDE _2“ ,)
N130	CYCLE95 („ANFANG _3: ENDE _3“ ,)
N140	
N150	M00
N160	T=„Schruppdrehstahl R0.8“; Schruppwerkzeug R0.8mm ap=3 mm
N170	

N180	G..... G..... G55 G18
N190	
N200	G01 X-1,6 F0,3
N210	
N220	
N230	CYCLE95 („ANFANG _1: ENDE _1“,)
N240	
N250	T=„Schlichtdrehstahl R0.4“; Schlichtwerkzeug R0.4 mm
N260	
N270	
N280	
N290	CYCLE95 („ANFANG _1: ENDE _1“,)
N300	
N310	M30

„Konturzug“ ⇨ im Hauptprogramm (Konturunterprogramm)

N320	ANFANG_1: ; Zapfen ∅ 28 mm
N330	
N340	
N350	
N360	
N370	ENDE_1:

„Konturzug“ ⇨ im Hauptprogramm (Konturunterprogramm)

N380	ANFANG_2: ; Innenkontur für Schruppen
N390	G01 X16 Z-60
N400	
N410	
N420	
N430	
N440	G01 X144 Z-4
N450	G01 X144 Z0
N460	ENDE_2:

„Konturzug“ ⇨ im Hauptprogramm (Konturunterprogramm)

N470	ANFANG_3: ; Innenkontur für Schlichten
N480	G01 X0 Z-60
N490	G01 X28 Z-60
N500	
N510	
N520	
N530	
N540	G01 X144 Z0
N550	G01 X160 Z0
N560	ENDE_3:

4.1.10 Programmierübung 4 – Lösung.

Hauptprogramm

Hinweise mit „ ; “ aufgeführt!

N10	T=„Vollbohrer D16“; Vollbohrer ∅ 16 mm
N20	G94 S800 M03 M08
N30	G90 G60 G54 G17
N40	G00 X0 Z2
N50	G01 Z-59,8 F200
N60	G00 Z2
N70	G00 G18 G53 X180 Z500 M05 M09 T0 D0
N80	T=„Innendrehstahl“; Innendrehwerkzeug Schrupp+Schlicht R0.4 mm ap=1.5mm
N90	G96 S300 LIMS=3000 M04 M08
N100	G90 G64 G54 G18
N110	G00 X16 Z2
N120	CYCLE95 („ANFANG _2: ENDE _2“ , 1.5, 0.2, 0.5, 0, 0.2, 0.2, 0.1, 3, 0, 0, 1)
N130	CYCLE95 („ANFANG _3: ENDE _3“ , 1.5, 0.2, 0.5, 0, 0.2, 0.1, 0.1, 7, 0, 0, 1)
N140	G00 G53 X180 Z500 M05 M09 T0 D0
N150	M00
N160	T=„Schruppdrehstahl R0.8“; Schruppwerkzeug R0.8mm ap=3mm
N170	G96 S300 LIMS=3000 M04 M08
N180	G90 G64 G55 G18
N190	G00 X164 Z0,2
N200	G01 X-1,6 F0,3
N210	G00 Z2
N220	G00 X164
N230	CYCLE95 („ANFANG _1: ENDE _1“ , 3, 0.2, 0.5, 0, 0.3, 0.3, 0.1, 1, 0, 0, 1)
N240	G00 G53 X180 Z500 M05 M09 T0 D0
N250	T=„Schlichtdrehstahl R0.4“; Schlichtwerkzeug R0.4 mm

N260	G96 S300 LIMS=3000 M04 M08
N270	G90 G64 G55 G18
N280	G00 X164 Z2
N290	CYCLE95 („ANFANG _1: ENDE _1“ , 3, 0.2, 0.5, 0, 0.3, 0.3, 0.1, 5, 0, 0, 1)
N300	G00 G53 X180 Z500 M05 M09 T0 D0
N310	M30

„Konturzug“ ⇨ im Hauptprogramm (Konturunterprogramm)

N320	ANFANG_1: ; Zapfen ∅ 28 mm
N330	G01 X0 Z0
N340	G01 X28 Z0
N350	G01 X28 Z-68
N360	G01 X160 Z-68
N370	ENDE_1:

„Konturzug“ ⇨ im Hauptprogramm (Konturunterprogramm)

N380	ANFANG_2: ; Innenkontur für Schruppen
N390	G01 X16 Z-60
N400	G01 X28 Z-60
N410	G01 X28 Z-42
N420	G01 X108 Z-42
N430	G01 X108 Z-4
N440	G01 X144 Z-4
N450	G01 X144 Z0
N460	ENDE_2:

„Konturzug“ ⇨ im Hauptprogramm (Konturunterprogramm)

N470	ANFANG_3: ; Innenkontur für Schlichten
N480	G01 X0 Z-60
N490	G01 X28 Z-60
N500	G01 X28 Z-42
N510	G01 X108 Z-42
N520	G01 X108 Z-4
N530	G01 X144 Z-4
N540	G01 X144 Z0
N550	G01 X160 Z0
N560	ENDE_3:

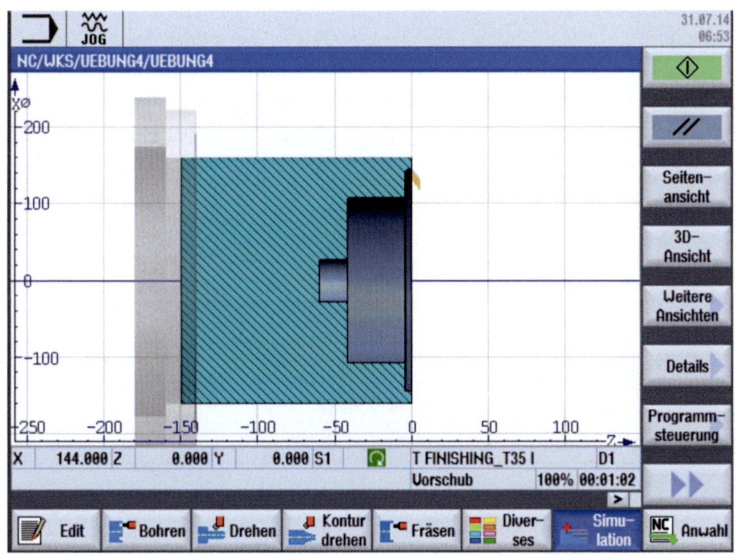

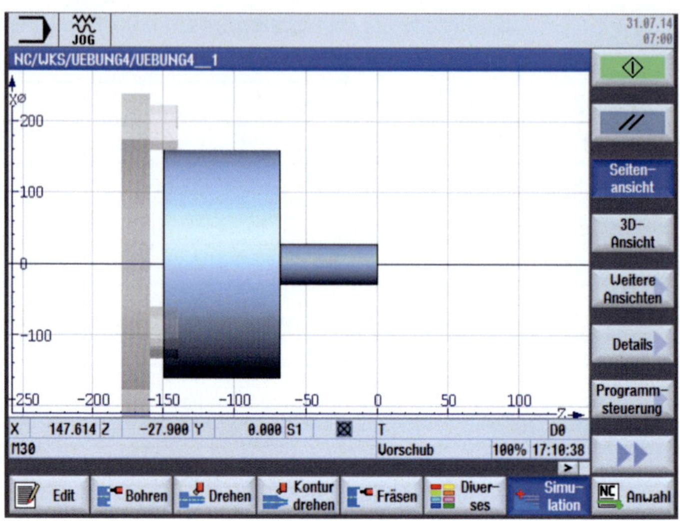

4.2 Anweisungen – Kurs ✎ CNC-Drehen (Anwendungsorientiert)

N	Satznummer
T	Werkzeug *(Tool)*
D	Schneidenparameter
S	Drehzahl (Drehfrequenz)/*(Spin)*
F	Vorschubgeschwindigkeit *(Feed)*
LIMS	Drehzahlbegrenzung
G00	Positionieren im Eilgang
G01	Geraden – Interpolation
G02	Kreisinterpolation, rechtsdrehend
G03	Kreisinterpolation, linksdrehend
G17	Ebenenauswahl X/Y
G18	Ebenenauswahl Z/X
G53	Aufhebung aller Nullpunktverschiebungen
G54	Erste Nullpunktverschiebung
G55	Weitere Nullpunktverschiebung .....
G60	Genau – Halt
G64	Verschleifung, kleine Verrundung

G90	Absolute Maßangaben
G91	Inkrementale Maßangaben
G94	Vorschubgeschwindigkeit in mm/min
G96	Konstante Schnittgeschwindigkeit
G97	Konstante Spindeldrehzahl
M00	Programmierter Halt (z. B. Werkstück umspannen)
M03	Spindel im Uhrzeigersinn
M04	Spindel im Gegenuhrzeigersinn
M05	Spindel „Halt“
M08	Kühlmittel „Ein“
M09	Kühlmittel „Aus“
M17	Unterprogramm „Ende“
M30	Programmende mit Rücksetzen
X, Z	Koordinaten – Achsen
I	Interpolationsparameter (X-Achse)
K	Interpolationsparameter (Z-Achse)
CYCLE83	Tiefloch – Bohrzyklus
CYCLE95	Abspanzyklus
CYCLE99	Gewindeschneidzyklus

4.3 Abschlusstest „CNC-Drehen“

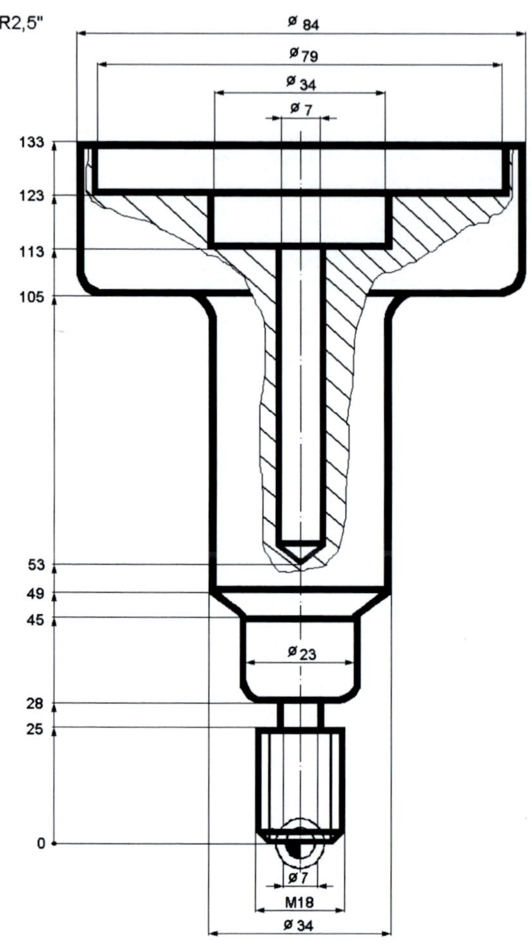

Werkzeugtabelle:

T=„Schruppdrehstahl R0.8“	Schruppdrehwerkzeug R0.8 mm
T=„Zentrierbohrer D10“	Zentrierbohrer ∅ 10 mm
T=„Spiralbohrer D7“	Spiralbohrer ∅ 7 mm
T=„Innendrehstahl“	Innendrehwerkzeug R0.4 mm
T=„Schlichtdrehstahl R0.4“	Schlichtdrehwerkzeug R0.4 mm
T=„Stechstahl Breite 3“	Einstechwerkzeug 3 mm, linke Schneide – vermessen
T=„Gewindedrehstahl“	Gewindewerkzeug

Bitte „CYCLE83“ ⇨ anwenden (s. Prg. – Anleitung)!

N10	
N20	
N30	
N40	
N50	
N60	
N70	
N80	
N90	
N100	
N110	
N120	
N130	
N140	
N150	
N160	
N170	
N180	
N190	
N200	
N210	
N220	
N230	
N240	
N250	
N260	
N270	
N280	
N290	
N300	

N310	
N320	
N330	
N340	
N350	
N360	
N370	
N380	
N390	
N400	
N410	
N420	
N430	
N440	
N450	
N460	
N470	
N480	
N490	
N500	
N510	
N520	
N530	
N540	
N550	
N560	
N570	
N580	

N590	ANFANG_1
N600	
N610	
N620	
N630	
N640	
N650	
N660	ENDE_1:

N670	ANFANG_2:
N680	
N690	
N700	
N710	
N720	
N730	
N740	
N750	
N760	
N770	
N780	
N790	
N800	ENDE_2:

;Aufgabe: Programm – Ende

N10	T=„Schruppdrehstahl R0.8“
N20	G96 S300 LIMS=3000 M04 M08
N30	G90 G64 G54 G18
N40	G00 X88 Z0,2
N50	G01 X-1,6 F0,3
N60	G00 Z2
N70	G00 G53 X180 Z500 M05 M09 T0 D0
N80	T=„Zentrierbohrer D10“
N90	G94 S3000 M03 M08
N100	G90 G60 G54 G17
N110	G00 X0 Z2
N120	G01 Z-4 F800
N130	G00 Z2
N140	G00 G18 G53 X180 Z500 M05 M09 T0 D0
N150	T=„Spiralbohrer D7“
N160	G94 S2300 M03 M08
N170	G90 G60 G54 G17
N180	G00 X0 Z2
N190	CYCLE83 (2, 0, 1, -80, , -20, , 4, 0, 0, 1, 1, 3, 5, , 0, 1)
N200	G00 X0 Z2
N210	G00 G18 G53 X180 Z500 M05 M09 T0 D0
N220	T=„Innendrehstahl“
N230	G96 S300 LIMS=3000 M04 M08
N240	G90 G64 G54 G18
N250	CYCLE95 („ANFANG _1: ENDE _1“ , 1.5, 0.2, 0.5, 0, 0.2, 0.2, 0.1, 3, 0, 0, 1)
N260	CYCLE95 („ANFANG _1: ENDE _1“ , 1.5, 0.2, 0.5, 0, 0.2, 0.1, 0.1, 7, 0, 0, 1)
N270	G00 G53 X180 Z500 M05 M09 T0 D0
N280	M00
N290	T=„Schruppdrehstahl R0.8“
N300	G96 S300 LIMS=3000 M04 M08

N310	G90 G64 G54 G18
N320	G00 X88 Z0,2
N330	G01 X-1,6 F0,3
N340	G00 Z2
N350	G00 X88
N360	CYCLE95 („ANFANG _2: ENDE _2“ , 3, 0.2, 0.5, 0, 0.3, 0.3, 0.1, 1, 0, 0, 1)
N370	G00 G53 X180 Z500 M05 M09 T0 D0
N380	T=„Schlichtdrehstahl R0.4“
N390	G96 S300 LIMS=3000 M04 M08
N400	G90 G64 G54 G18
N410	G00 X88 Z2
N420	CYCLE95 („ANFANG _2: ENDE _2“ , 3, 0.2, 0.5, 0, 0.3, 0.3, 0.1, 5, 0, 0, 1)
N430	G00 G53 X180 Z500 M05 M09 T0 D0
N440	T=„Stechstahl Breite 3“
N450	G96 S200 LIMS=3000 M04 M08
N460	G90 G64 G54 G18
N470	G00 X22 Z-28
N480	G01 X7 F0,08
N490	G01 X22 F0,3
N500	G00 G53 X180 Z500 M05 M09 T0 D0
N510	T=„Gewindedrehstahl“
N520	G97 S1200 M03 M08
N530	G90 G64 G54 G18
N540	G00 X22 Z2
N550	CYCLE99 (2.5, 18, 0, -25, 18, 18, 3, 2, 1.624, 0, 30, 0, 8, 2, 3, 1, 1)
N560	G00 X80
N570	G00 G53 X180 Z500 M05 M09 T0 D0
N580	M30

N590	ANFANG_1:
N600	G01 X85 Z0
N610	G01 X79 Z0
N620	G01 X79 Z-10
N630	G01 X34 Z-10
N640	G01 X34 Z-20
N650	G01 X6,6 Z-20
N660	ENDE_1:

N670	ANFANG_2:
N680	G01 X0 Z0
N690	G01 X13 Z0
N700	G01 X18 Z-2,5
N710	G01 X18 Z-28
N720	G03 X23 Z-30,5 I0 K-2,5
N730	G01 X23 Z-45
N740	G01 X34 Z-49
N750	G01 X34 Z-102,5
N760	G02 X39 Z-105 I2,5 K0
N770	G01 X79 Z-105
N780	G03 X84 Z-107,5 I0 K-2,5
N790	G01 X84 Z-108
N800	ENDE_2:

;Lösung: Programm – Ende

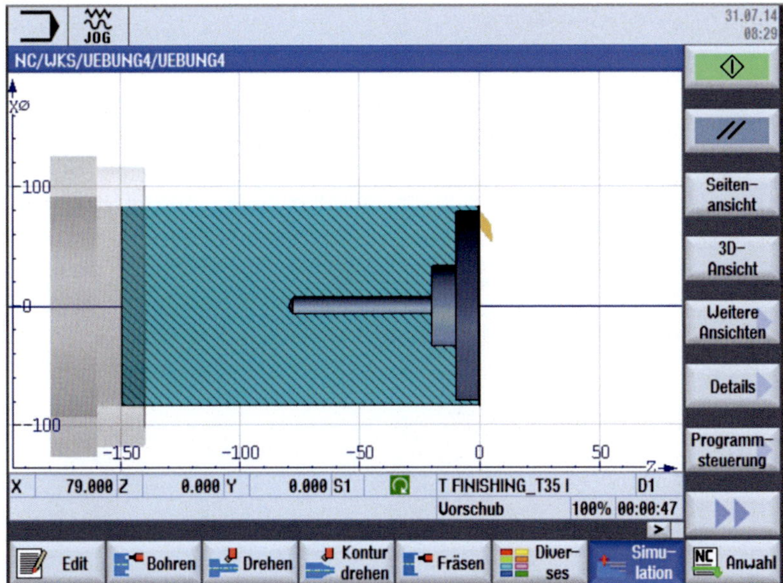

Innen – Kontur

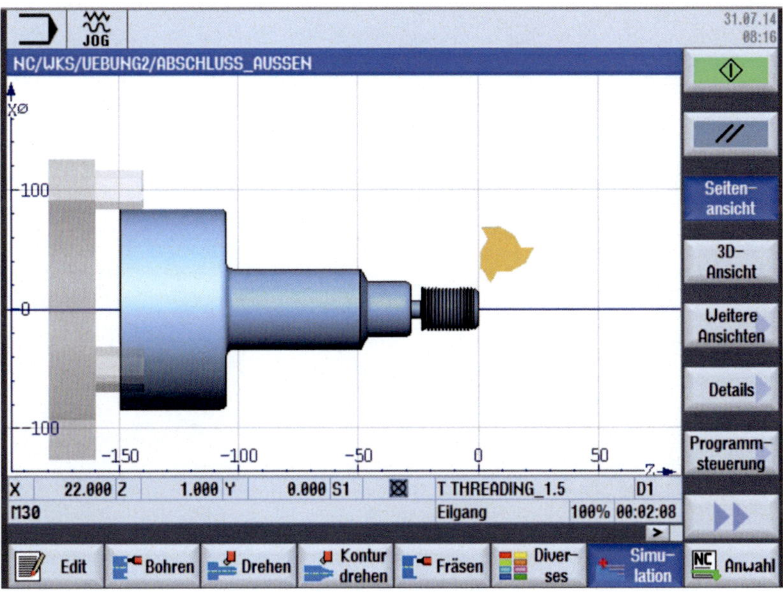

Außen – Kontur

5 Abschließende Worte

Sehr geehrte KursteilnehmerInnen,

nun sind Sie auf einer der letzten Seiten des CNC-Kursbuches angelangt und ich hoffe, dass Sie dieses Werk erfolgreich abgehandelt haben.

Die Thematik reichte vom Einstieg in die CNC-Technik über einfache Bearbeitungsprogramme, bis hin zu diversen Zyklen und komplexeren Bearbeitungsstrukturen.

Mit fortschreitender Thematik nahm gewiss auch so manche Problemstellung ihren Platz ein, aber dies wird Sie sicherlich nicht davon abgehalten haben, sich problemorientiert der Aufgabe zu stellen.

Ich wünsche Ihnen den Willen, das Erlernte entsprechend so umzusetzen, dass Sie mehr und mehr in die Lage kommen, diese Technologie für sich weiterzuentwickeln, um dann letztendlich Ihren Vorteil daraus zu ziehen.

Mit freundlichen Grüßen

gez. Lindemann

6 Anhang & Hinweis

Autor: Lindemann

Der Autor ist Fachpädagoge im technischen Bereich des berufsbildenden Schulwesens.

Mein Dank für die Unterstützung in Fragen zur steuerungsidentischen CNC-Schulungssoftware „Sinutrain“ gilt der Siemens AG Berlin sowie, und dieses im Besonderen, Herrn Markus Sartor.

Dieses Werk wurde nach vorliegenden Regelwerken, Stand Mai 2006, erstellt.

Es wird jedoch darauf hingewiesen, dass nur die Regelwerke selbst (Normschriften, Software usw.) verbindlich zeichnen.

Der Autor und der Verlag übernehmen keinerlei Haftung!

7 Index

A

B

C

D

E

L

M

N

P

R

S

T

U

V

W

X

Y

8 Vorlagen-Verzeichnis

Seite 9/10/11/13 ⇨

Christiani-Verlag

Datenbank-Fachteil „Steuerungstechnik“

Seite 14/42 ⇨

Christiani-Verlag

Siemens – „Sinumerik“

„Einsteiger – Anleitung Fräsen/Drehen“

Seite ..... ⇨

Diverse Monitor-Darstellungen

Siemens-Software – „Sinutrain“